义乌红糖制作技艺

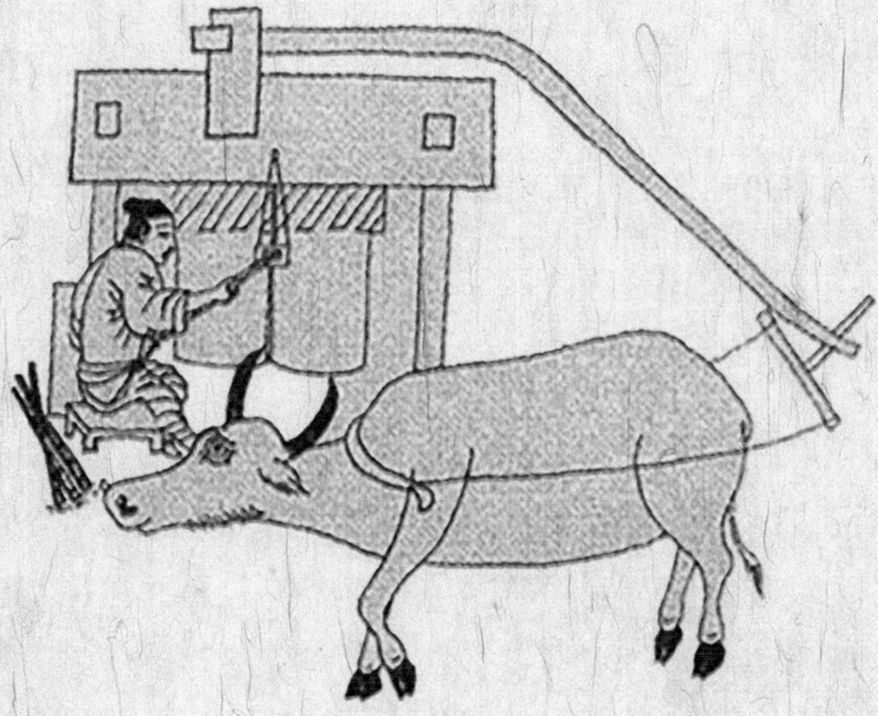

# 义乌红糖制作技艺

**总主编 褚子育**

浙江省非物质文化遗产代表作丛书

浙江摄影出版社

吴优赛 朱福田 编著

# 浙江省非物质文化遗产代表作丛书编委会

（第四批国遗项目）

# 总序

中共浙江省委书记
浙江省人大常委会主任 车俊

非物质文化遗产是一个民族的精神印记，是一个地方的文化瑰宝。浙江作为中华文明的重要发祥地，在悠久的历史长河中孕育了璀璨夺目、蔚为壮观的非物质文化遗产。隆重恢弘的轩辕祭典、大禹祭典、南孔祭典等，见证了浙江民俗的源远流长；引人入胜的白蛇传传说、梁祝传说、西施传说、济公传说等，展示了浙江民间文学的价值底蕴；婉转动听的越剧、绍剧、瓯剧、高腔、乱弹等，彰显了浙江传统戏剧的独特魅力；闻名遐迩的龙泉青瓷、绍兴黄酒、金华火腿、湖笔等，折射了浙江传统技艺的高超精湛……这些非物质文化遗产，鲜活而生动地记录了浙江人民的文化创造和精神追求。

习近平总书记在浙江工作期间，高度重视文化建设。他在“八八战略”重大决策部署中，明确提出要“进一步发挥浙江的人文优势，积极推进科教兴省、人才强省，加快建设文化大省”，亲自部署推动一系列传统文化保护利用的重点工作和重大工程，并先后6次对非物质文化遗产保护作出重要批示，为浙江文化的传承和复兴注入了时代活力、奠定了坚实基础。历届浙江省委坚定不移沿着习近平总书记指引的路子走下去，坚持一张蓝图绘到底，一年接着一年干，推动全省文化建设实现了从量的积累向质的飞跃，在打造全国非物质文化遗产保护高地上迈出了坚实的步伐。已经公布的四批国家级非物质文化遗产名录中，浙江以总数217项蝉联“四连冠”，这是文化浙江建设结出的又一硕果。

历史在赓续中前进，文化在传承中发展。党的十八大以来，习近平总书记站在建设社会主义文化强国的战略高度，对弘扬中华优秀传统文化作出一系列深刻阐述和重大部署，特别是在十九大报告中明确要求，加强文物保护利用和文化遗产保护传承。这些都为新时代非物质文化遗产保护工作指明了前进方向。我们要以更加强烈的文化自觉，进一步深入挖掘浙江非物质文化遗产所蕴含的思想观念、人文精神、道德规范，结合时代要求加以创造性转化、实现创新性发展，努力使优秀传统文化活起来、传下去，不断满足浙江人民的精神文化需求、丰富浙江人民的精神家园。我们要以更加坚定的文化自信，进一步加强对外文化交流互鉴，积极推动浙江的非物质文化遗产走出国门、走向世界，讲好浙江非遗故事，发出中华文明强音，让世界借由非物质文化遗产这个窗口更全面地认识浙江、更真实地读懂中国。

现在摆在大家面前的这套丛书，深入挖掘浙江非物质文化遗产代表作的丰富内涵和传承脉络，是浙江文化研究工程的优秀成果，是浙江重要的“地域文化档案”。从2007年开始启动编撰，到本次第四批30个项目成书，这项历时12年的浩大文化研究工程终于画上了一个圆满句号。我相信，这套丛书将有助于广大读者了解浙江的灿烂文化，也可以为推进文化浙江建设和非物质文化遗产保护提供有益的启发。

# 前言

浙江省文化和旅游厅党组书记、厅长 褚子育

“东南形胜，三吴都会，钱塘自古繁华。”秀美的河山、悠久的历史、丰厚的人文资源，共同孕育了浙江多彩而又别具特色的文化，在浙江大地上散落了无数的文化瑰宝和遗珠。非物质文化遗产保护工程，在搜集、整理、传播和滋养优秀传统文化中发挥了巨大的作用，浙江也无愧于走在前列的要求。截至目前，浙江共有8个项目列入联合国教科文组织人类非遗代表作名录、2个项目列入急需保护的非遗名录；2006年以来，国务院先后公布了四批国家级非物质文化遗产名录，浙江217个项目上榜，蝉联“四连冠”；此外，浙江还拥有886个省级非遗项目、5905个市级非遗项目、14644个县级非遗项目。这些非物质文化遗产，是浙江历史的生动见证，是浙江文化的重要体现，也是中华优秀传统文化的结晶，华夏文明的瑰宝。

如果将每一个“国家级非遗项目”比作一座宝藏，那么您面前的这本“普及读本”，就是探寻和解码宝藏的一把钥匙。这217册读本，分别从自然环境、历史人文、传承谱系、代表人物、典型作品、保护发展等入手，图文并茂，深入浅出，多角度、多层面地揭示浙江优秀传统文化的丰富内涵，展现浙江人民的精神追求，彰显出浙江深厚的文化软实力，堪

称我省非遗保护事业不断向纵深推进的重要标识。

这套丛书，历时12年，凝聚了全省各地文化干部、非遗工作者和乡土专家的心血和汗水：他们奔走于乡间田野，专注于青灯黄卷，记录、整理了大量流失在民间的一手资料。丛书的出版，也得到了各级党政领导，各地文化部门、出版部门等的大力支持！作为该书的总主编，我心怀敬意和感激，在此谨向为这套丛书的编纂出版付出辛勤劳动，给予热情支持的所有同志，表达由衷的谢意！

习近平总书记指出："每一种文明都延续着一个国家和民族的精神血脉，既需要薪火相传、代代守护，更需要与时俱进、勇于创新。"省委书记车俊为丛书撰写了总序，明确要求我们讲好浙江非遗故事，发出中华文明强音，让世界借由非物质文化遗产这个窗口更全面地认识浙江、更真实地读懂中国。

新形势、新任务、新要求，全省文化和旅游工作者能够肩负起这一光荣的使命和担当，进一步推动非遗创造性转化和创新性发展，讲好浙江故事，让历史文化、民俗文化"活起来"；充分利用我省地理风貌多样、文化丰富多彩的优势，保护传承好千百年来文明演化积淀下来的优秀传统文化，进一步激活数量巨大、类型多样、斑斓多姿的文化资源存量，唤醒非物质文化遗产所蕴含的无穷魅力，努力展现“浙江文化”风采，塑造“文化浙江”形象，让浙江的文脉延续兴旺，为奋力推进浙江“两个高水平”建设提供精神动力、智力支持，为践行“‘八八战略’再深化，改革开放再出发”注入新的文化活力。

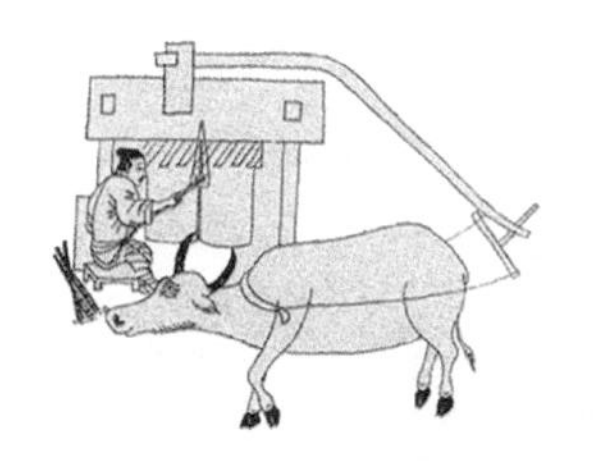

# 目录

# 序言 PREFACE

义乌红糖与火腿、南蜜枣并称“义乌三宝”。在义乌人的记忆中，儿时舌尖上那种食糖蔗、落花生配红糖的滋味历久弥新，成为生命中最真的甜蜜记忆。

从一段糖蔗种，到一根糖蔗，再到一块红糖，需要长达九个月的时间，要经历萌芽、幼苗、分蘖、伸长和成熟五个时期，经糖农一路艰辛呵护，历春夏秋冬的“和风、酷暑、秋高、寒冬”“洗礼”，水与火的“考验”与“熔炼”，方能浓缩为“甜蜜”，凝结如石，破之如沙，为人类无私奉献。

非物质文化遗产是世代相传的、与群众生活密切相关的各种传统文化的表现形式和文化空间。非物质文化遗产既是历史发展的见证，又是珍贵的、具有重要价值的文化资源。

2007年6月5日，义乌市木车牛力绞糖制作技艺列入第二批浙江省非物质文化遗产代表性项目名录。2013年11月1日，义乌市完成《国家级非物质文化遗产代表性项目申报书》的编写工作。2014年12月，义乌红糖制作技艺（项目编号：Ⅷ−231）列入第四批国家级非物质文化遗产代表性项目名录。这是义乌首个以“义乌”冠名的国家级非物质文化遗产代表性项目。

从某种意义上来说，义乌农民善于利用本地资源义乌红糖，开发出糖饼，从事“鸡毛换糖”，这一颇具草根性和活力的经商传统为当今义乌奇迹的出现打下了坚实的基础。更有学者提出：小商品的源头在“鸡毛换糖”，“鸡毛换糖”的源头是义乌红糖，这一流淌在心中的甜蜜成就了今天义乌的繁荣和辉煌。

本书的编辑出版将为更多的人了解义乌红糖产业和文化提供系统的、完整的、有价值的资料。义乌红糖这一甜蜜事业，将随着新时代的号角，在“一带一路”倡议的指导下，搭上“义新欧”的国际列车驶向远方……

义乌市文化和广电旅游体育局副局长 王志星

# 一、概述

义乌红糖因色泽嫩黄而略带青色，又名『义乌青』，素以质地松软、散似细沙、纯洁无渣、香甜可口著称，为义乌著名的大宗土特产品。义乌红糖采用传统的加工方法，绞蔗汁后用柴烧铁锅煎熬制成，因未经提纯，保留了蔗汁中的全部成分，除了具备糖的功能外，还含有多种维生素和微量元素，是红糖中的上品。

# 一、概述

义乌地处浙江省中部，金衢盆地东缘，浙江省地理中心位于其境内。全市辖6镇8街道，总面积1105平方千米，截至2018年4月底，义乌常住人口185.06万，其中户籍人口80.68万，居住6个月以上的流动人口104.38万。

市域东、南、北三面群山环抱，南北长58.15千米，东西宽44.41千米，域内有中低山、丘陵、平原，土壤类型多样，光热资源丰富。义

现代化的义乌城区

乌江自东向西南贯穿全市，山清水秀，润泽物华。

义乌属亚热带季风气候，温和湿润，四季分明，年平均气温在17℃左右，平均气温以7月最高，为29.3℃，1月最低，为4.2℃。年平均无霜期为243天左右，年平均降水量为1100—1600毫米。

义乌历史悠久，人杰地灵，文化底蕴深厚，距义乌市中心仅10千米的浦江上山遗址及出土的夹炭陶片、陶器和石器说明，在距今约9000至11000年间的新石器时代早期，古乌伤地区就是世界稻作农业的起源地之一，我们的先民就在这里繁衍生息。春秋末期，越王勾践在义北勾乘山建立国都。自公元前222年置乌伤县，公元624年改称义乌，1988年撤县建市，义乌至今已有2200多年的历史，先后

和谐义乌江东新区

义乌国际商贸城

涌现了初唐四杰之一的骆宾王、宋朝抗金名将宗泽、元代名医朱丹溪、现代教育家陈望道、文艺理论家冯雪峰、历史学家吴晗等名人志士。"勤耕好学、刚正勇为"的义乌人民，用自己的智慧谱写了新的历史篇章。

## ［壹］说糖

糖在提供营养和丰富人们的物质生活方面扮演着很受欢迎的角色。从古至今，它始终在农业、食品加工业和轻工业中占有重要地位。在中国古代的医药学中，它也一直受到重视并被广泛利用。

糖在古代有许多同义字或近义字，如饧（xíng）、饴（yí）、馓（sǎn）、饭等。先秦就有制糖食糖的风俗，《诗经·大雅·绵》载"周原膴膴，堇荼如饴"，可见，最迟在公元前一千年左右，中国人已知道把淀粉水解成甜糖，也就是"饴"了。《楚辞·招魂》有"粔籹蜜饵，有饧餭些”一句，“饧餭”即为饴糖块。

## 一、糖的定义

糖，形声，本义为食用糖及糖制食品的统称，由甘蔗、甜菜、米、麦等提炼而成的甜的物质，可组白糖、红糖、冰糖、糖浆、糖稀、糖膏、糖瓜儿、糖房（旧时制糖的作坊，亦称“糖寮”“榨寮”）、糖衣等词。

糖类物质是多羟基（两个或以上）的醛类或酮类化合物，在水解后能变成以上两者之一的有机化合物。由于其由碳、氢、氧元素构成，在化学式的表现上类似于“碳”与“水”聚合，故又被称为碳水化合物。

作为一种甜味物质，经常被食用的是白糖、红糖和冰糖。制糖方法并不复杂，把甘蔗或甜菜压出汁，滤去杂质，再往滤液中加适量的石灰水，中和其中所含的酸，再过滤，除去沉淀，将二氧化碳通入滤液，使石灰水沉淀成碳酸钙，再重复过滤，所得滤液就是蔗糖的水溶液了。将蔗糖水溶液放在真空器皿里减压蒸发、浓缩、冷却，就有红棕色略带黏性的结晶物析出，这就是红糖。想制白糖，须将红糖溶于水，加入适量的骨碳或活性炭，将红糖水中的有色物质吸附，再过滤、加热、浓缩、冷却滤液，一种白色晶体——白糖就出现了。白糖比红糖纯得多，但仍含一些水分，再把白糖加热至适当温度除去水分，就得到无色透明的块状大晶体——冰糖。由此可见，冰糖的纯度最高，也最甜。

说起甜味物质，人们很自然地想到糖精，糖精并非“糖之精华”，它不是从糖里提炼出来的，而是以又黑又臭的煤焦油为基本原料制成的。糖精没有营养价值。少量糖精对人体无害，但食用糖精过量对人体有害。所以糖精可以食用，但不可多食。

糖包括蔗糖（红糖、黑糖、砂糖、冰糖等）、葡萄糖、果糖、半乳糖、乳糖、麦芽糖、淀粉、糊精和糖原棉花糖等。在这些糖中，除了葡萄糖、果糖和半乳糖能被人体直接吸收，其余的糖都要在体内转化为基本的单糖后才能被吸收利用。蔗糖是含有较高热值的碳水化合物，过量摄入会引起动脉硬化、高血压、糖尿病以及龋齿等疾病。

史前时期，人类就已知道从鲜果、蜂蜜、植物中摄取甜味。古罗马周围地区最先出现了糖衣杏仁这种糖果。制造者用蜂蜜将一个杏仁裹起来，放在太阳底下晒干，就可以得到糖衣杏仁了。后发展为从谷物中制取饴糖，继而发展为从甘蔗、甜菜中制糖等。制糖历史大致

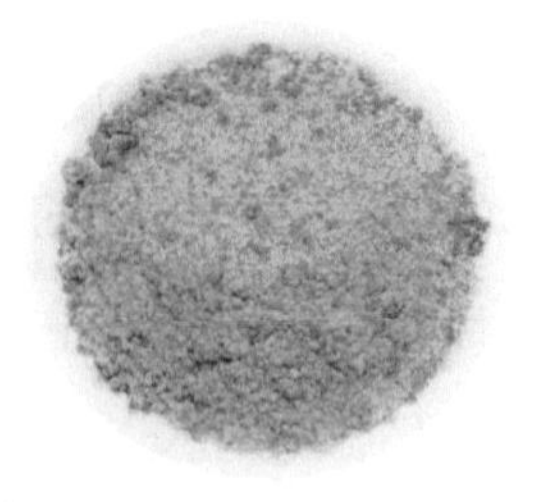

冰糖、红糖、白糖

经历了早期制糖、手工业制糖和机械化制糖三个阶段。

在早期制糖阶段，中国是世界上最早制糖的国家之一。早期制得的糖主要有饴糖、蔗糖，而饴糖占有更重要的地位。手工业制糖阶段自战国开始，从甘蔗中取得蔗浆以后，甘蔗种植日益兴盛，甘蔗制糖技术逐步提高，至唐宋年间，已形成了颇具规模的作坊式制糖业。机械化制糖阶段为18世纪末至19世纪初，甜菜制糖的成功极大地推动了制糖业的发展，直接导致了制糖业的机械化。

**二、糖的作用**

糖是人体三大营养物质之一，是人体热能的主要来源。糖供给人体的热能约占人体所需总热能的60%—70%，除纤维素以外，一切糖类物质都是热能的来源。

糖类主要以各种不同的淀粉、糖、纤维素的形式存在于粮、谷、薯类、豆类以及米面制品和蔬菜水果中，在植物中约占其干物质的80%，在动物性食品中很少，约占其干物质的2%。

被动物体摄取后，大量的糖作为能源物质被使用。糖在动物体内氧化，释放能量，释放的能量以热散发维持体温和贮存于ATP、磷酸肌酸中，以供生命体活动所用。动物体摄取的糖如果有剩余，能够合成肝糖原和肌糖原以贮存糖分，但量相对较小，一个中等身材的人只能贮存约500克的糖原。糖在身体内很容易转化为高度还原的能源，贮存于脂肪组织，以供糖缺乏的时候给身体提供能量。

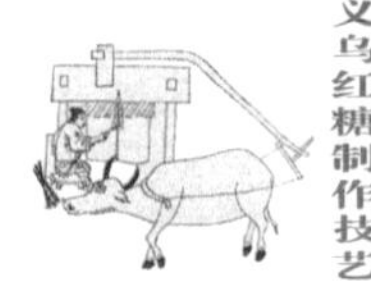

糖在细胞内与蛋白质构成复合物，形成糖蛋白和蛋白聚糖，广泛地存在于细胞间液、生物膜和细胞内液中，它们有些作为结构成分出现，有些作为功能成分出现。

许多研究证实，只要摄入适量，掌握好最佳时机，吃糖对人体是有益的。如洗浴时，会大量出汗和消耗体力，需补充水和热量，吃糖可防止虚脱；运动时，会消耗热能，糖比其他食物能更快提供热能；疲劳饥饿时，食糖可迅速提高血糖；头晕恶心时，吃些糖可提升血糖，稳定情绪；饭后食糖，可使人在学习和工作时精神振奋，精力充沛。

## 三、糖的健康指南

### （一）甜食吃得太多易患各种疾病

有些专家认为，糖比烟和含酒精的饮料对人体的危害还要大。世界卫生组织曾对23个国家的人口死亡原因作调查后得出结论：嗜糖之害，甚于吸烟，长期食用含糖量高的食物会使人的寿命缩短20年，食糖摄入过多会导致心脏病、高血压、血管硬化及脑溢血、糖尿病等。因此，世界卫生组织于1995年提出“全球戒糖”的新口号。

吃糖过多会造成脂肪堆积，还会影响钙质代谢。有些学者认为，吃糖量如果达到总食量的16%—18%，就可使体内钙质代谢紊乱，妨碍体内的钙化作用。据日本一项调查表明，食糖过多可能是造成骨折的重要原因。吃糖过多还会使人产生饱腹感，食欲不佳，影响食物的摄入量，进而导致多种营养素的缺乏。儿童长期高糖饮食直接影响骨骼的生长发育，导致佝偻病等。如果儿童多吃糖又不注意口腔卫生，则为口腔内的细菌提供了生长繁殖的良好条件，容易引起龋齿和口腔溃疡。

长期高糖饮食会给人体健康造成种种危害。由于糖属酸性物质，吃糖过量会改变人体血液的酸碱度，降低人体白细胞对外界病毒的抵御能力，使人易患各种疾病。

**（二）吃糖引发肥胖没有依据**

我国许多食品营养及医学界专家认为，单纯性肥胖是由于总热量的摄入与消耗之间失去平衡所致，不能把肥胖归咎于糖。美国食品和药物管理局特别工作小组认为，食糖引发肥胖是没有根据的，理由是：每汤匙食糖含热量16卡，而每汤匙黄油或其他脂类食物含热量100卡。所以，食糖不是使人发胖的原因。瑞典几位医学家的研究更进一步证实，食用糖不会导致人体内形成脂肪层。根据医学家的观察，胖人的食物中脂肪总是比糖多，所以减肥的人首先应减少食用高脂肪食品。如果不滥食高脂肪食品，那就可以安心适当地提高糖的用量而不必担心肥胖。

**（三）食用适量，不会影响健康**

由于糖对人体健康危害的报道和一些片面舆论，人们对食用糖顾虑重重，感到“吃糖可怕”。美国食品和药物管理局特别工作小组对食糖研究的结论是：除导致龋齿外，食糖引发其他疾病的论断是没有根据的。作为合理饮食的一部分，糖如同其他食物一样，只要食用适量，是不会有碍健康的。

**四、蔗糖**

蔗糖作为人类基本的调味品之一，已有几千年的历史。据说，甘蔗的原产地是新几内亚，后来传播到南洋群岛和印度，大约在周宣王时传入中国南方。而蔗糖的传入大概是在汉代，由古印度经西域传入，汉代文献中曾提到“石蜜”“西国石蜜”等词，而“石蜜”正是梵文sakara的音译，和英语中的sugar（蔗糖）一样，均包含“sacca”的字根，这说明蔗糖的发源地是古印度，通过丝绸之路传入中国和世界各地。敦煌残卷中也有一段关于古印度制糖术的记录，说印度出产甘蔗，可造最上“煞割令”（sakara）。根据季羡林的解读，“煞割令”就是梵文sakara的音译。印度制蔗糖的方法是将甘蔗榨出甘蔗汁晒成糖浆，再用火煎煮，成为蔗糖块（sakara）。石蜜就是今日的片糖。

后来，印度的炼糖术有了进一步的提高，将甘蔗榨出甘蔗汁，用火熬炼，并不断加入牛乳或石灰一同搅拌，牛乳或石灰和糖浆中的杂质凝结成渣，原来褐色的糖浆颜色变淡，经过反复的除杂工序，最后得到淡黄色的砂糖。

《新唐书》中记载，唐太宗遣使去摩揭陀（位于今印度）取熬

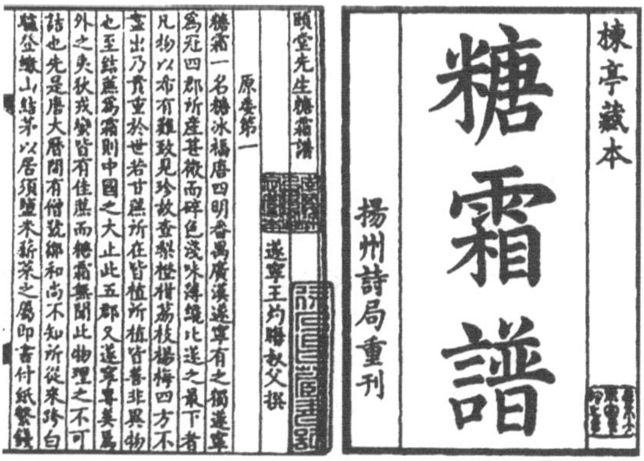
楝亭藏本

糖霜譜

揚州詩局重刊

頤堂先生糖霜譜

遂寧王灼晦叔父撰

原委第一

糖霜一名糖冰福唐四明番禺廣漢遂寧有之獨遂寧爲冠四郡所產甚微而碎色淺味薄纔比遂之最下者凡物以希有難致見珍故查梨橙柑荔枝楊梅四方不盡出乃貴重於世若甘蔗所在皆植所植皆善非異物也至結蔗爲霜則中國之大止此五郡又遂寧專美焉外之夷狄戎蠻皆有佳蔗而糖霜無聞此物理之不可詰也先是唐大曆間有僧號鄒和尚不知所從來跨白驢登繖山結茅以居須鹽米薪菜之屬即書付紙繫錢

世界第一部甘蔗炼糖术专著《糖霜谱》（宋·王灼）

糖法。宋人土灼所著的《糖霜谱》也称，在唐大历年间（766—779），邹和尚至四川遂宁传制糖法。这似乎说明，印度的炼糖术是在唐朝传入中国的。然而，也有人提出异议，认为南北朝梁人陶弘景（456—536）已在其所著的《本草经注》中提到“取蔗汁以为沙糖”，并以此认为唐以前中国已知制糖之法。不管怎样，可以肯定的是，最迟在唐朝，中国人已学会了制糖。

北宋初期，三佛齐和大食等国贡白砂糖。白砂糖是从石蜜进一步提炼的，呈沙颗粒状态，色淡黄，比石蜜色淡，不是白如雪。宋代，出现世界第一部甘蔗炼糖术专著《糖霜谱》。

意大利旅行家马可·波罗在游记中记述中国的制糖业，又说福州地区炼制的糖“十分洁白”。摩洛哥旅行家伊本·白图泰的《伊本·白图泰游记》中说：“中国出产大量的蔗糖，其质量较之埃及蔗糖实有过之而无不及。”到了宋代，中国的制糖术已经十分成熟，制糖成为一门重要的产业，蔗糖广泛流行，糖制品也种类繁多。

明代，中国的制糖术有了新的进展，发明了熬制白糖的“黄泥水淋脱色法”。宋应星在其《天工开物》一书中专门记载了这一方法，同时，还系统地介绍了甘蔗的种植方法、蔗糖的类别和制作工艺。他在“蔗品”一节中提到，“凡荻蔗造糖，有凝冰、白霜、红砂三品”。凝冰就是冰糖，白霜就是白糖，红砂就是红糖。关于造红糖的方法，他提到，首先要用“糖车”将蔗汁榨出，然后加入石灰，“每汁一石下石灰五合于中”，最后，用连环锅熬制，“凡取汁煎糖，并列三锅如‘品’字，先将稠汁聚入一锅，然后逐加稀汁两锅之内”。

《天工开物》第六卷《甘嗜》篇还详细叙述了制白糖和冰糖的方法。

造白糖法：将过冬成熟的甘蔗用轧浆车榨汁，盛入缸中，用火熬成黄黑色的糖浆，倒入另一口缸中，凝结成黑沙；另备一口缸，上面安放一个瓦溜（瓦质漏斗），用稻草堵塞瓦溜的漏口，将黑沙倒入瓦质漏斗中，等黑沙结定，除去稻草，用黄泥水淋下漏斗中的黑沙，黑渣从漏斗流入下面缸中，漏斗中留下白霜，最上一层约五寸，洁白异常，叫西洋糖。

造冰糖法：将白糖熬化，和入鸡蛋清除杂质，待火候合适，将新青竹剖成篾片，斩成一寸长短，投入糖汁中，经过一夜就凝成冰糖。

这一时期，由于技术的进步，中国已成为白糖的重要出口国，开始将白糖出口到日本、印度和南洋群岛。史料记载，明崇祯十年

（1637），英国东印度公司的商船曾在广州前后购买13028担白糖和500担冰糖。明清时期，中国的制糖业可谓兴旺发达。

季羡林在其所著《中华蔗糖史》中说，中国明代熬炼白糖的“黄泥水淋脱色法是中国的伟大发明”。除《天工开物》外，《大明兴化府志》、明何远乔著《闽书·南产》、明方以智著《物理小识》及清刘献廷著《广阳杂记》都有关于熬炼白糖的黄泥水淋脱色法的叙述。

**五、甘蔗**

甘蔗是甘蔗属（Saccharum）的总称，按用途可分为果蔗和糖蔗。甘蔗是一种一年生或多年生热带和亚热带草本植物，属碳4作物。甘蔗为圆柱形，茎直立、分蘖、丛生、有节，节上有芽；节间实心，外被有蜡粉，有紫、红或黄绿色等；叶子丛生，叶片有肥厚白色的中脉；大型圆锥花序顶生，小穗基部有银色长毛，长圆形或卵圆形颖果细小。

在中国，东周时代最早出现甘蔗种植的记载。公元前4世纪的战国时期，已有对甘蔗初步加工的记载。《楚辞·招魂》中有这样的诗句：“胹鳖炮羔，有柘浆些。”这里的“柘”即是蔗，“柘浆”是从甘蔗中取得的汁，说明战国时代的楚国已能对甘蔗进行原始加工。

西晋陈寿所著《三国志·吴书·孙亮传》中，有“亮使黄门以银碗并盖，就中藏吏取交州所献甘蔗饧……”的记述。交州（位于中国的部分）在现今的广东、广西一带，与上述的楚国同在中国的南方，

义乌糖蔗

是甘蔗制糖最早的地区。甘蔗饧是一种液体糖，呈黏稠状，是将甘蔗汁浓缩加工至较高浓度后制成，便于储存食用。

东汉张衡所著《七辨》中，有“沙饴石蜜”之句。这里的“沙饴”二字是指制得的糖有微小的晶体，可看作是砂糖的雏形。6世纪时陶弘景所著《名医别录》中写道：“蔗出江东为胜，卢陵也有好者，广州一种数年生，皆大如竹，长丈余，取汁为砂糖，甚益人。”这里描述的种蔗区域更加广阔了，种蔗的技术也已提高，且已经制出砂糖。这种砂糖是将蔗汁浓缩至自然起晶，成为带蜜的糖，比先前的甘蔗饧的加工技术又提高一步。

西晋文学家张协的《都蔗赋》有言："清滋津于紫梨，流液丰于朱橘。"认为糖带给人们的身心愉悦远远超过梨和橘，是冠冕大族宴会的必备之物。民间也有"无酒不成席，无甘蔗难以解酒"之说。

中国第一部制糖专著《糖霜谱》，由宋人王灼于1130年间撰写。全书共分七篇，内容丰富，分别记述了中国制糖发展的历史、甘蔗的种植方法、制糖的设备（包括压榨及煮炼设备）、工艺过程、糖霜性味、用途、糖业经济等。1637年初刊的明代宋应星所著《天工开物》卷六《甘嗜》中，记述了种蔗、制糖的各种方法，比《糖霜谱》一书更系统、更详尽。这些方法在中国民间一直沿用到20世纪。

## ［贰］义乌糖蔗

### 一、种植历史

2004年版《浙江农业志》载，南宋咸淳（1265—1274）《临安志》曰："旧贡。今仁和、临平小林多种之。以土窖藏至春夏，可经年味不变。小如芦者曰荻蔗，亦甘。"浙江在5世纪已有种蔗制糖。宋《西安县志》（今衢州一带）载："有紫、白二种，紫者产龙游，供咀嚼。白者种自闽中来，可碾汁炼糖。" 北宋寇宗奭认为，"石蜜，川、浙者最佳，其味厚，他处皆次之，煎炼以形象物，达京师"。此外，《象山县志》《乐清县志》《永嘉县志》《绍兴府志》和《萧山县志》等皆有类似记载，说明甘蔗栽培的普遍。浙江种蔗制糖延续至今，至少已有一千五百多年历史。

《洋川贾氏燕里村谱》（封面）

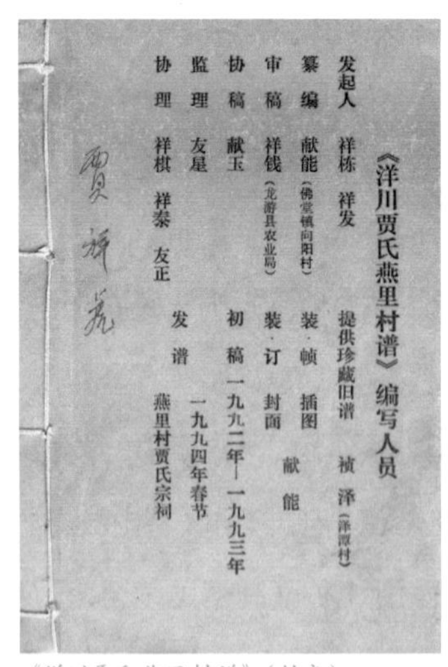
《洋川贾氏燕里村谱》编写人员

发起人　祥栋　祥发　　提供珍藏旧谱　祯　泽（泽潭村）
纂　编　献能（佛堂镇向阳村）　　装·帧　插图　献　能
审　稿　祥钱（龙游县农业局）　　装·订　封面
协　稿　献玉　　初　稿　一九九二年—一九九三年
监　理　友星　　一九九四年春节
协　理　祥棋　祥秦　友正　　发　谱　燕里村贾氏宗祠

《洋川贾氏燕里村谱》（封底）

2004年版《金华县志》载，婺州一带（辖义乌）于公元11世纪（宋代）已有糖蔗种植。1993年重修的《洋川贾氏燕里村谱》二卷十三页载："惟承（1604—1670）……顺治年间，客游闽越，摹仿糖车之式，教人栽植甘蔗，制为红糖，邑民享其美，利至今，庙祀。"经查证，义乌佛堂镇燕里村人贾惟承，于清顺治十八年（1661）从闽南引进蔗种和制糖技术，迄今已有三百五十余年历史。佛堂镇燕里村东北建有义乌红糖公祠，内设糖公像。

朱丹溪（1281—1358）的医学著作《格致余论》之五《治病必求其本论》中记述："以茱萸、陈皮、青葱、蓖苜根、生姜，煎浓汤和以沙糖饮一碗许……"此处方中已有砂糖。砂糖即红糖，古书上有的写成"沙糖"，也有的写成"乌糖"。如按此推算，义乌红糖已有七百年左右的历史。

义乌红糖公祠外景

义乌红糖公祠内的糖公像

在胃腸詢其平生喜食何物曰我喜食鯉魚三年無
一日缺予曰積痰在肺肺爲大腸之臟宜大腸之本
不固也當與澄其源而流自清以茱萸陳皮青葱麓
苜根生薑煎濃湯和以沙糖飲一碗許自以指探喉

朱丹溪《格致余论》中已有“沙糖”的记载

《义乌元代已使用红糖》（张金龙）一文中指出，明戚祚国等四兄弟所著《戚少保年谱》卷之五载，嘉靖三十七年（1558）正月，义乌兵解围仙游之后，有七千多倭寇逃往长泰，因野无所抢，晚至溪北，抢红糖吃。这些红糖其实已被义乌兵下了毒，因此除掉不少倭寇。可见义乌兵那时已接触到红糖。义乌兵在福建东南抗倭剿山寇五年，经常接触到甘蔗与红糖，因此完全有可能引进福建的甘蔗良种及红糖制作技术。明王世贞著《弇山堂别集》中也有关于“白糖”与“黑糖”的记载。明宋应星《天工开物》一书已载木糖车榨糖之技术，此书是明崇祯十年（1637）初刊，说木糖车榨糖技术由印度传入四川，再传入云南，再至福建。如此看来，说义乌木糖车榨糖术是从福建传入也是有根据的。该书还引用了明李时珍《本草纲目》中关于砂糖的记载——基本物理性状为“凝结如石，破之如沙”。元代朱丹溪药方中用砂糖入药，明末传入的则是更为先进的木糖车榨糖技术。

据考证，清康熙《义乌县志》、嘉止《义乌县志》均有“蔗糖：黑者近始习熬”的记载。可见清顺治年间（1644—1661），佛堂燕里村人贾惟承首先引进种蔗制糖之生产习俗。

清代文人徐珂在《清稗类钞》的“工艺类·制糖秆”类目下记述：“出义乌城而西，至佛堂镇，迤逦三十里，弥望皆糖秆也。”反映了清光绪年间（1875—1908）义乌糖蔗已广泛种植，制糖工艺也已成熟，产区主要分布在沿义乌江两岸地带。

民国6年（1917），义乌县佛堂镇开办小型机制糖厂。民国22年（1933），义乌县政府建设科在江湾村创办了一家金区合作糖厂，用机械压榨和离心机土制白糖和红糖。到20世纪50年代初，这类小型糖厂有义乌姑塘糖纸厂、合作糖厂和东山糖厂。1958年，合并为义亭糖纸厂。

民国18年（1929），义乌黄培记号生产的红糖在西博会上荣获特等奖。民国20年（1931），鲜蔗总产量5000吨。民国22年（1933），种蔗1666.67公顷，产红糖500吨。为发展义乌红糖，浙江省政府拨款10.4万元，由义乌县实验科出面，支持全县糖农种蔗。民国23年（1934）6月，《浙江省建设月刊》第七卷第十二期载：“浙东义乌僻处山陬，物产丰富，即如糖类一种，向以青糖为巨，其原料可供制糖者逾10万担（5000吨），大部产自沿江两岸，而民间制糖车共380余处，年产青糖逾6万担（3000

吨）。”据民国37年（1948）印行的《浙江经济年鉴》载，民国35年（1946），种蔗面积4446.67公顷，产红糖约1万吨。是年，红糖滞销，种蔗受挫。1949年，种蔗仅1009公顷，产红糖2535吨。据《浙江省农业志》（2004版）载，1957年，义乌县首先试验与推广加水压榨经验，20世纪60年代，在全省普遍推广。

1949年起，虽糖蔗种植面积时起时落，但品种不断优化，单产和质量不断提高。1950年，种蔗1440公顷，产红糖4311吨。1951年冬，糖价飙升。翌年，糖蔗种植面积扩大到3203公顷（县统计科报省、地财委为4000公顷），产红糖12115吨。随之，红糖价格暴跌（甲级糖由每50千克43元跌至15元）且滞销。1953年，种植面积骤减为1847公顷，产红糖3736吨。是年冬，红糖价格回升。至1959年前，年糖蔗种植面积稳定在2000公顷以上。1960—1962年间，受国家经济困难和人为因素等影响，年种糖蔗面积虽都在1378—1714公顷，但产糖量甚低。1960年，产红糖1625吨（每公顷产红糖仅948.1千克），而后逐年回升。1966年，种蔗面积减至1307公顷，产红糖2800吨。1968年，成立县红糖领导小组，下设办公室，由工业、商业、农业、税务、物资、糖厂等部门人员参加，统一指挥调度红糖生产、加工、销售及征税、供应物资，有力地促进了糖业发展。

1968—1972年间，种蔗面积有所扩大，年产红糖4643—9397吨。1972年起，重新实行糖蔗种植计划，年种蔗面积均在2000公顷左右。20世纪80年代初，农村推行家庭联产承包责任制，糖蔗生产得以较快发展。1982年，种蔗2556公顷，产红糖11000吨，是1949年的4倍多，创历史最高纪录。1985年，种蔗2188公顷，产红糖9277吨，产区主要集中在义亭、佛堂区的大部分乡镇和城阳区的东河、江湾、徐村、杨村等乡。1987—1996年期间，种糖蔗面积1089—1679公顷，年产红糖6503—10622吨。

义乌糖厂是1959年国家计委批准建立的，确定生产能力为日榨糖蔗500吨，1960年开工兴建，后因资金不足而缓建。1965年，经国家计经委、浙江省轻工业厅批准进行续建，于11月建成投产，当年产糖1600吨。到1968年，生产能力从日榨糖蔗500吨提高到1000吨。1982年，该厂产糖7000多吨，为历史最高水平。1980—1981年榨季，

原义乌糖厂的热电联产车间（2015年摄）

第十届全国甘蔗科研协作会议代表参观吴店农场甘蔗示范基地

机制糖厂的出糖率为9.24%。

1979年4月9日，义乌县计划委员会、义乌县商业局联合下文，根据省计委、省商业局文件，浙江省糖蔗收购价（1979—1980年榨季）提高30%，须进行调整。为充分体现优质优价、按质论价，以含糖量和品种为主要规格质量标准，分等级定价。

1983年10月24日至28日，第十届全国甘蔗科研协作会议在义乌县召开。参加会议的是来自广东、广西、福建、云南、贵州、江西、湖南、浙江9个主要产糖省（区）的生产科研机构、大专院校和有关省（区）的农业厅、轻工业厅、科委，国家农牧渔业部、轻工业部、中国科学院、中国农科院等的代表，共189人。会上对义乌的甘蔗地膜覆盖技术作了典型介绍，为会议重点议题。与会代表参观了吴店农场、东河乡西毛店大队和义乌糖厂。

农村改革后，金融部门支持糖蔗产业。《义乌金融志》载："糖蔗生产贷款主要贷给佛堂、义亭、城阳3个区相连的18个乡。推行承包制初期，每年糖农贷款2000多户，金额20万—25万元，支持种植面积3800亩左右。贷款很大部分用于调换良种，对提高糖蔗单位面积产量和出糖率起到了积极作用。合作乡粮农贷款种糖蔗，亩产均在12吨以上。义亭、王阡一带糖农贷款户，年产红糖1.5吨左右的也较普遍。1985年，市场糖价低于国家供应牌价，0.5千克红糖换不到1千克大米，糖农反映贷款种糖'不合算'。1987年，糖蔗生产贷款户降至226户，金额降至5.11万元，不到同期种植业户贷款总额的1%，支持种植面积984亩，占同期糖蔗种植总面积的3.04%。"

1997年开始，因义乌佛堂机制糖厂停产，全部糖蔗榨制红糖，义

国家糖料基地

乌红糖出现滞销，价格下跌，糖蔗种植面积逐年锐减，是年减至859公顷。2000年，减至521公顷，产红糖3507吨。2002年，减至433公顷，产红糖1950吨。2005年，陷入低谷，种蔗面积233公顷，产红糖2410吨，产区集中在义亭、佛堂一带。

1997年5月，农业部、国家计委把义乌列入“九五”计划第一批糖料生产基地建设单位。是年9月，市政府设立义乌市糖料生产基地建设领导小组，办公室设在市农业局。项目总投资343万元，其中国家投资170万元，地方配套165万元，村自筹资金8万元。

2006年，甘蔗种植面积777公顷，甘蔗年总产量6051.1万千克，红糖总产量352.4万千克，年产值2114万元。2007年，甘蔗种植面积933公顷，甘蔗年总产量7231.1万千克，红糖总产量466.2万千克，年

浙江省甘蔗产业协会

义乌市果蔗研究所的糖蔗高产示范基地

产值2867万元。

2011年11月10日，浙江省甘蔗产业协会在义乌市成立，义乌市果蔗研究所为会长单位（2011年10月—2016年10月），协会总部设在义乌。

浙江省把甘蔗种植作为地方主导产业加以培育，形成了以义乌、温岭、金华婺城等地为中心的甘蔗生产区域。浙江省甘蔗产业协会依托浙江农科院、福建农大、福建农林大学甘蔗研究所，加大甘蔗新品选育力度，推广无公害标准化栽培新技术，改进鲜蔗贮藏、保鲜等工艺，着力提升甘蔗产品的市场竞争力和种植经济效益。

义乌市果蔗研究所从全国二十多个糖蔗品种中选育出“三特一号”糖蔗新品种。该新品种9月底就可成熟进行红糖榨制，使新糖上市提前一个多月，不但避开霜雪季节收割糖蔗，减轻蔗农劳动强度和难度，而且错开榨糖高峰期，提高了经济效益。

## 二、品种演变

义乌糖蔗品种的引进、推广、种植大致可分为四个时期：一是20世纪50年代，主要品种是竹蔗，之后，引进印度290、台糖134；二是1960—1977年，从省外引进粤糖、川蔗、桂蔗、赣蔗等69个品种，最后成为当家品种的有粤糖12号、粤糖54/474、赣蔗1号、华南56/21；三是1982年引进川蔗类9个品种，最后筛选出川蔗10号为当家换代品种；四是20世纪90年代引进推广了云蔗71/545、cp65/357、桂九等品种和1996年鉴定推广的川蔗89/139等品种，但都未形成规模，逐步被1969年引进的鲜食土榨两用型迟熟大茎种粤糖54/474所替代。目前，粤糖54/474是义乌糖蔗种植主要品种，其种植面积占总面积的85%以上。

1955年3月，根据省供销社通知，县供销社派人会同省特产局前往四川省采购调运290印度糖种，并与县农林部门一起在杨村、合作、前洪、东河、横塘、五星乡及稠城镇推广种植290印度糖种191亩。该品种亩产鲜蔗5.14吨，比土种增产1倍多，亩产红糖617千克，比土种增产2.5倍。从此，产糖量低的土种开始逐步被淘汰。

1974年起，推广粤糖12号。1981年以后，又以赣蔗1号、川蔗10号为主要当家品种，糖蔗产量获得进一步提高。1984年，王阡乡吴村史纪友种蔗3亩，收红糖73担，亩产121千克。

朱亦秋在《糖乡行》（《艺术馆》1982年第7期第41—42页）中写

道："目前，许多旧品种不断被淘汰，全县普遍种植霸王、红皮310、赣糖1号、川十、华南56/12等高产品种，几十个大队的平均亩产超过6吨。"

1970—1981年，糖蔗栽培以糖蔗田套种大小麦、马铃薯为主。1982年以后，逐步改为一熟糖蔗制。在主产区，因土地资源有限，种植糖蔗都是连年蔗；在次产区，种植面积不多，每年都轮换田块种植，轮换作物以水稻为主，其次为蔬菜、瓜果。糖蔗栽培以每年春植为主，部分育苗移栽。春植时间在3月上中旬，由于地膜覆盖栽培技术推广，春植时间从过去的4月初提早了20天，品种以中迟熟大茎种粤糖54/474为主，搭配川蔗10号、义蔗1号。主要糖蔗品种性状介绍如下。

粤糖54/474是广东省的糖蔗品种，从1984年推广至今，该品种中迟熟、产量高、成茎率高、分蘖少、易剥叶、适宜鲜食、梢头和窖藏性能好；每公顷产量可达120—150吨，其含糖量可达10%—12%。

义蔗1号是1971年由义乌市有关部门自行选育的优良品种，该品种迟熟、中大茎种、分蘖慢、成茎率高、茎大小均匀、梢头和窖藏性能好；每公顷产量可达105—120吨，其含糖量可达10%—12%。

川蔗10号是1978年从四川引种的糖蔗品种，该品种早熟、中茎、高产、出苗率一般、分苗好、生长整齐直立、耐肥、耐旱、抗病虫、生长均匀、不抗倒伏、蔗糖含量高、窖藏性好；每公顷产量可达105—

150吨，其含糖量可达12%—13%。

赣蔗1号是1974年从江西引种的品种，该品种早熟、高糖、中茎、出芽早、出苗率高、分蘖率较高、抗旱不耐渍、抗病、易感虫、生长直立、有蒲心、窖藏性好；每公顷产量可达52—67吨，其含糖量可达12%—13%。

赣蔗15号是1982年从江西引种的糖蔗品种，该品种特早熟、糖分高、萌芽早、出苗率高、分蘖率一般、生长快、耐窖藏、抗病虫害、后期易倒伏，每公顷产量可达105—135吨，其含糖量可达13%—15%。

义乌糖蔗当家品种性状见表1。

**表1：义乌糖蔗当家品种性状情况一览表**
**摘自《义乌市农业志》（2011版）**

| 品种 | 引进地点年份 | 推广年份 | 每公顷产量（吨） | 含糖量（%） | 主要品种特性 |
|---|---|---|---|---|---|
| 竹蔗（土种） | 福建省顺治年间（1644-1661） | 1664—1958 | 30 | 8—10 | 细茎、早熟、糖分较高，出苗率高、分蘖率中等、抗倒伏、抗旱、耐寒、产量低 |
| 印度290 | 四川省1954年 | 1959—1973 | 45—60 | 10 | 中茎、中熟、中糖，出苗率中等、分蘖率较强、生长均匀、成茎率高、水裂较重、抗旱不耐肥、易倒伏、不耐寒、窖藏性差 |

续表

| 品种 | 引进地点年份 | 推广年份 | 每公顷产量（吨） | 含糖量（%） | 主要品种特性 |
|---|---|---|---|---|---|
| 粤糖59/264（霸王种） | 广东省1969年 | 1974—1980 | 75—105 | 12—13 | 中茎、早熟、高产、高糖，出苗斜生、伸长后直立、早期生长快、分苗多、成茎率不高、抗旱耐肥、风折率高、不耐贮 |
| 粤糖54/474 | 广东省1969年 | 1984年至今 | 120—150 | 10—12 | 中迟熟、大茎种、产量高，成茎率高、分蘖少、易剥叶，适宜土榨和鲜食，梢头和窖藏性能好 |
| 义蔗1号 | 义乌选育1971年 | 1977—2003 | 105—120 | 10—12 | 迟熟、中大茎种、高产，分蘖慢、成茎率高、蔗茎大小均匀、梢头和窖藏性能好 |
| 赣蔗1号 | 江西省1974年 | 1980—1982 | 52—67 | 12—13 | 早熟、中茎、高糖、出芽早、出苗率高、分蘖率较高、抗旱不耐渍、抗病、易感虫、生长直立、有蒲心、窖藏性好 |
| 川蔗10号 | 四川省1978年 | 1984—1990 | 105—150 | 12—13 | 早熟、中茎、高产，出苗率一般、分苗好、生长整齐直立、耐肥、耐旱、抗病虫、生长均匀、不抗倒伏、蔗糖含量高、窖藏性好 |
| 赣蔗76/576 | 江西省1982年 | 1985—1992 | 105—135 | 13—15 | 特早熟、糖分高，萌芽早、出苗率高、分蘖率一般、生长快、耐窖藏、抗病虫害、后期易倒伏 |
| 云蔗71/545 | 云南1988年 | 1991—1994 | 105—127 | 10—13 | 中熟、高糖，出苗早、整齐、分苗率中等、抗病虫害，易剥叶、糖度均匀、窖藏性好、纤维细、易倒伏 |

注：竹蔗、印度290品种为木糖车绞糖，其他为机械榨糖。

## 三、营养价值

甘蔗是水果中唯一的茎用水果，也是水果中含纤维（包括非膳食纤维）最多的一种水果。甘蔗含糖量高，浆汁甜美，被称为“糖水仓库”，可以给食用者带来甜蜜的享受，并提供相当多的热量和营养。

甘蔗汁多味甜，营养丰富，被称作果中佳品，还有人称：“秋日甘蔗赛过参。”

甘蔗的营养价值很高，含有水分比较多，占甘蔗的84%。甘蔗含糖量丰富，其中的蔗糖、葡萄糖及果糖含量达12%，极易被人体吸收利用。此外，经科学分析发现，甘蔗还含有大量的铁、钙、磷、锰、锌等人体必需的微量元素，其中铁的含量特别多，居水果之首，故甘蔗素有“补血果”的美称。另外，甘蔗还含有天门冬氨酸、谷氨酸、丝氨酸、丙氨酸等多种有利于人体的氨基酸，以及维生素$B_1$、维生素$B_2$、维生素$B_6$和维生素C等。

## 四、食用功效

《本草纲目》言：甘蔗性平，有清热下气、助脾健胃、利大小肠、止渴消痰、除烦解酒之功效，可改善心烦口渴、便秘、酒醉、口臭、肺热咳嗽、咽喉肿痛等症。

甘蔗不仅是冬令佳果，而且还是防病健身的良药。有滋养润燥之功，适用于低血糖、心脏衰弱、咽喉肿痛、大便干结、虚热咳嗽等病症。甘蔗还有清热润肺、健入肝脾、生津解酒的功效，适宜于肺热干咳、胃热呕吐、消化不良、低血糖、口舌干燥之人作为饮料饮用，被古人称为“天然复脉汤”。其功效具体包括以下几点。

第一，补充糖分。甘蔗可为机体补充热能，对防治低血糖，消除疲劳、中暑等有较好的功效。

第二，健脾利尿。甘蔗有解热止渴、生津润燥、和中宽膈、下气止呕、助脾健胃、利尿、滋养的功效。

第三，润肠通便。甘蔗可缓解口干舌燥、津液不足、小便不利、大便秘结、反胃呕吐、消化不良、发烧口渴等症状。

第四，洁牙防蛀牙。甘蔗纤维多，在反复咀嚼时就像用牙刷刷牙一样，把残留在口腔及牙缝中的垢物一扫而净，从而提高牙齿的自洁和抗龋能力。因此，甘蔗还是口腔的清洁工。

甘蔗以茎秆粗大、外皮颜色深紫、节间长、有光泽者为佳。鉴别甘蔗时应掌握“摸、看、闻”的原则。摸就是检验甘蔗的软硬度；看就是看甘蔗的瓤部是否新鲜；闻就是鉴别甘蔗有无气味。新鲜甘蔗质地坚硬，瓤部呈乳白色，有清香味；霉变的甘蔗质地较软，瓤部颜色略深，呈淡褐色，闻之无味或略有酒糟味。

**五、生产现状**

从2006年开始，义乌红糖产业缓慢回升，糖蔗种植面积居全省首位，是浙江省内主要的红糖集散地。2012年，义乌全市的糖蔗种植面积在8000亩左右，主要分布在义亭、上溪、佛堂、稠江等镇（街道）（详见表2）。全市的鲜蔗总产量约为6万吨，榨制红糖约5800吨，年产值5000万元左右。

表2：2012年义乌市糖蔗、果蔗面积统计

| 镇（街道）名称 | 糖蔗面积（亩） | 果蔗面积（亩） | 镇（街道）名称 | 糖蔗面积（亩） | 果蔗面积（亩） |
|---|---|---|---|---|---|
| 义亭 | 4200 | 1000 | 廿三里 | 100 | 100 |
| 上溪 | 1300 | 500 | 稠城 | 100 | 100 |
| 佛堂 | 700 | 5000 | 北苑 | 70 | 0 |
| 稠江 | 600 | 700 | 苏溪 | 60 | 120 |
| 赤岸 | 300 | 4200 | 后宅 | 60 | 100 |
| 城西 | 300 | 400 | 大陈 | 60 | 200 |
| 江东 | 150 | 100 | 合计 | 8000 | 12520 |

为了推动红糖产业冲出低谷，义亭镇党委政府高度重视，会同义乌市有关部门展开帮扶行动，以创建省级现代农业综合区为契机，加强糖蔗产业示范区建设。大力开展路、渠、机埠等农田基础设施建设，提高农业基础设施条件；积极引进推广糖蔗新品种和配方施肥等新技术，提高糖蔗产量和红糖品质；加大红糖加工厂生产设施和红糖加工、包装设备改造力度，提高红糖生产加工能力和新产品开发水平。同时，加强红糖产品质量监管，营造诚信文明经营的良

好氛围。由镇政府牵头，市场监管、农业等部门共同成立义亭镇红糖质量监督管理办公室，组建红糖质量监督巡逻队，设立监督举报电话，加强红糖质量的监管。积极发动各红糖加工厂（点）签订诚信经营承诺书，上缴诚信保证金，倡导诚信经营的良好氛围。建立义亭镇农业服务中心，开展技术与农资全程服务。设立特色中国义乌馆展示区，为红糖产业提供全方位服务。在此基础上，精心打造十里飘香红糖示范区，营造良好的休闲旅游环境，大力发展红糖休闲旅游。一系列的帮扶举措让红糖产业有了长足的发展。

2015年，全市甘蔗种植面积达12825亩；2016年，全市甘蔗种植面积约1.08万亩，其中糖蔗面积约7600亩，果蔗面积约3200亩。全市从事红糖加工生产的企业有70余家。

2016年7月7日，义乌市榨糖灶烟气治理设施改造现场培训推进会

义亭糖蔗产业园区规划图

义亭镇农业服务中心

特色中国义乌馆展示区

义亭十里飘香红糖示范区(航拍)

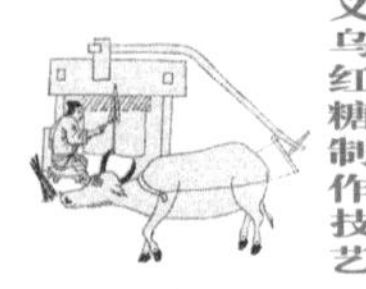

由于市内榨糖厂普遍采用柴灶土法制糖方式，对环境保护没有足够重视，尤其烟尘排放未有效处理，造成一定程度上的大气污染。据此，榨糖灶烟气治理设施改造提升工作被列入“2016年度义乌市十大民生实事”，全面对榨糖灶烟气进行治理。

[叁]义乌红糖

朱乾、吴镜元于民国9年（1920）编写的《义乌县志》残稿记载：“制糖厂民国6年在佛堂镇开办，颇著成效。”《中国实业志·浙江省》卷载：“民国35年，义乌县种蔗4400公顷，产糖1万余吨，占全省1.6万吨的62.5%，为浙江省食糖重点产区。”

民国26年（1937）前，义乌红糖大都从义乌江的稠城、佛堂等码头装船运往兰溪、杭州等地中转，销往江苏、安徽、江西等地。外地客商主要是兰溪朱正大行，年运销数百吨。本地经营红糖的主要是南货栈店，如原佛堂镇瑞祥泰店主、原工商业者王宗海和糖行老板裘仲豪合资经营，借助上海糖行的势力，把红糖销往江苏、安徽、江西等地。这种联合经营的组织和方式一出现，“生意经”也就比较讲究了，如把红糖划分等级，按级定价，既搞零售，也搞批发。由于严格了红糖质量的划分和经营范围的扩大，“义乌青”在外地市场和其他“青”种的竞争中逐步显示了威力，名气也不断提高。

民国25年（1936）2月27日，上海《申报》刊登了上海市商会协助推销义乌红糖、题为《市商会再提倡国产义乌红糖》的文章。民国

26年（1937）起，台湾糖以及国外糖运输受阻，加之浙赣铁路畅通，义乌红糖主销杭州、宁波、上海等地。民国26—34年（1937—1945），“义乌青”（分“顶青”“细青”“块青”3种）在外地市场名声大噪。民国35年（1946）起，外省及国外食糖流入浙江市场，义乌红糖价格下跌，出现滞销。销售主要通过设在稠城镇南门外胡公殿前的红糖市场的有公义行等22家红糖牙行、设在佛堂的40家红糖牙行和设在义亭的17家红糖牙行进行。

1933年，浙江省政府拨款10.4万元，由义乌县实业科长肖家点兼主任委员，在江湾村开办浙江金区合作糖厂，置有榨糖机、离心机、真空蒸发器等机器设备，主张以义乌红糖为原料，提纯加工生产白糖，并加工冰糖。但后来因为只能生产赤砂糖，经营亏本而倒闭。一连几年，义乌红糖都陷入销售难的困境中，很多糖农为此倾家荡产。佛堂镇一个朱姓文学爱好者保存着一份当年的报纸，上面有一篇报道，称佛堂镇杨宅村有一个糖农，因榨出的红糖都是“斧头剖”，没办法销售，导致破产。为改善红糖质量，义乌组织了合作社，时有红糖运销合作社两处、糖车合作社一处、糖业生产合作社两处，对红糖制作土法进行改良，红糖质量得到提高，每担售价增加2元左右。

1947年，义乌共有糖车518台，有江湾、佛堂、倍磊、六和、永宁、廿三里等8个糖场，每台糖车日产糖150千克左右，多的达250多千克，全县红糖产量21385担。当年，县政府降低了红糖税额，但仍采用市场征收和要道堵征等方法进行强征，引起糖农的强烈抗议。4月，乡民捣毁货物税分局义乌办公处；7月，设于佛堂的县税稽征所和警察分局及佛堂征收处均被民众捣毁，省督导员也被打伤。

中华人民共和国成立初期，红糖主要由县供销社和工商联合会及各红糖牙行购销。1950年，县供销社收购红糖504吨。据杭州永宝大行所保存的货物到销薄记载，1950年12月18日至1951年3月27日，义亭地区运往该行销售红糖274袋，计22.96吨。也有少数糖农将红糖直接运到杭州土产市场销售。据杭州采购供应批发站义乌收购组（朱店街23号）历史资料显示，1952年，红糖收购等级构成为甲级红糖60%，乙级红糖25%，丙级红糖10%，丁级红糖5%。1955年4月，调查9部糖车，户均自留红糖15.5千克，人均3.25千克。

1954年，全县种植糖蔗49431亩，种糖户数57587户，248298人，产红糖4787.75吨，出糖率7%，全县糖车1001部（其中浦江105部、东阳47部），每部糖车日产红糖260千克，平均生产时间23天，红糖商品率85.85%；1955年，全县种植糖蔗42000亩，种糖户数57600户，亩出糖170千克，出糖率8%，红糖商品率85.56%；1957年，全县种植糖蔗55247亩，产红糖8305吨，出糖率8%，红糖商品率86.51%。

1954年起，红糖由国营百货公司与供销合作社包购，统一委托合作社代购。据统计，当年全县、乡两级供销社共有25个红糖收购点，另外还组织下乡巡回收购，旺收季节，每日收红糖1500多担。在政府有关部门的支持和组织下，红糖购销工作非常活跃，各地收购点快收快调，今天收，明天调，销往杭州、嘉兴、宁波及东北各地，产、销量均占全省的1/3以上，成为全省红糖的主要产区。1957年，有红糖收购点38个，收购红糖5072吨。1962年起，实行派购，生产队不准自销，统一由县供销社负责购销。

**表3：1958年1月义乌县白糖、红糖牌价表**
**数据来源：中国糖业糕点公司义乌县公司**

| 货号 | 品名规格 | 批发价（元/市斤） | 零售价（元/市斤） |
|---|---|---|---|
| 进口 | 英国白砂糖 | 0.624 | 0.73 |
| 进口 | 印尼白砂糖 | 0.619 | 0.72 |
| 进口 | 法国白砂糖 | 0.619 | 0.72 |
| 国产 | 白砂糖 | 0.614 | 0.72 |
| 义乌青红糖 | 甲级 | 0.349 | 0.39 |
| 义乌青红糖 | 乙级 | 0.331 | 0.37 |
| 义乌青红糖 | 丙级 | 0.313 | 0.35 |
| 义乌青红糖 | 丁级 | 0.298 | 0.32 |
| 义乌青红糖 | 等外级 | 0.27 | 0.30 |
| 自加工 | 白冰糖 | 0.73 | 0.84 |

续表

| 货号 | 品名规格 | 批发价（元/市斤） | 零售价（元/市斤） |
|---|---|---|---|
| 自加工 | 绵白糖 | 0.63 | 0.72 |

1954年起，糖蔗生产纳入国家计划，确定自留糖每人3千克，超过的部分纳税。1958年，改为每人1.5千克。1962年，试行大包干责任制，确定红糖属第二类物资，定红糖投售任务，任务完不成的，以粮食顶替。同时，国家给予化肥奖售。1967年起，实行“购九留一”的收购新规定，按红糖产量90%投售国家，10%免税。1980年，浙江省政府对糖蔗、食糖试行确定收购基数和超产议价收购的办法，议购价格按现行国家收购牌价加价20%，化肥奖售标准不变。1985年，义乌县政府决定改革糖蔗、食糖购销政策，取消食糖派购任务，糖厂与糖农直接挂钩，价格双方协商，按质论价，上下浮动，糖农得到20%免税待遇。

1961年，苏联向中国催讨国债，指名要义乌红糖抵债。由于受“大跃进”、虚报产量浮夸风的影响，上级有硬性指标要义乌拿出多少红糖来，规定将红糖25千克一袋装在统一的漂白布袋里运往苏联。这一任务由佛堂的合作、义亭的王阡和上溪三个主要产糖的人民公社来完成。当时，义乌红糖减产很厉害，每个人只能凭票领取5分钱红糖，约为50克重，连产糖区的糖农都无糖可吃，但最后还是按时将红糖出口。然而，红糖运到莫斯科后，验收不合格，又全部退还，掺杂充假程度严重到了无法食用的地步。经过化验检测，发现返还的上溪的红糖含有玉米粉，义亭的红糖含有白矾，佛堂的红糖则带有大量黄沙。原来，为了增加重量，上溪、义亭和佛堂的糖农都绞尽了脑汁。由于佛堂的红糖黄沙含量高得离谱，怀疑有人故意使坏，司法部门立案侦查后，将佛堂镇合作乡起鸣村四个生产队长中的三个关押了很长时间。

粮、糖、猪曾经是义乌农业的支柱，政府对糖蔗种植和红糖生产给予重点支持，在良种引进、糖蔗栽培、红糖加工工艺改进等方面均有较大的技术和物质扶持力度。例如，1979年7月12日，义乌县糖烟酒公司召开糖锅改革座谈会，充分发挥改革后糖锅煮糖省煤、提高红糖质量的作用；1979年7月14日，义乌县糖烟酒公司、农业生产资料公司联合下文，对30大队（农场）分配糖蔗良种系列补助化肥14.4吨；1979年9月30日，义乌县糖烟酒公司分配红糖加工用苏打粉55吨。

改革开放前，食糖实行国家统购统销。1953年，国家对食糖实行统购统销、专营管理，并采用奖售化肥等优惠政策，鼓励发展糖蔗种植和红糖加工。所谓“统购”就是“计划收购”，“统销”就是“计划供应”。

表4：1979年义乌县第四季度食糖的供应计划表

| 项目<br>单位 | 白糖（担） | | | | | | 红糖<br>（担） |
|---|---|---|---|---|---|---|---|
| | 合计 | 民用 | 饮食 | 糕点 | 糖果 | 军特需 | |
| 城阳社 | 1442 | 1430 | 12 | | | | 560 |
| 后宅社 | 172 | 170 | 2 | | | | 70 |
| 佛堂社 | 930 | 770 | 40 | 120 | | | 250 |
| 赤岸社 | 482 | 410 | 22 | 50 | | | 150 |
| 义亭社 | 750 | 630 | 30 | 90 | | | 210 |
| 上溪社 | 748 | 640 | 28 | 80 | | | 210 |
| 廿三里社 | 760 | 690 | 20 | 50 | | | 290 |
| 苏溪社 | 834 | 710 | 34 | 90 | | | 310 |
| 大陈社 | 102 | 100 | 2 | | | | 50 |
| 糖烟酒公司 | 630 | 230 | | | | 400 | 300 |
| 饮服公司 | 10 | | 10 | | | | |
| 百货公司 | | | | | | | |
| 食品厂 | 1780 | | | 1380 | 400 | | |
| 合计 | 8640 | 5780 | 200 | 1860 | 400 | 400 | 2400 |

说明：1.民用定量按工干民每人1千克、农民0.5千克计算；2.红糖按敞开供应计划的42%分配。

据《义乌供销社志》载，奖售，是在收购某些农副产品的同时，按国家规定供应给投售者一定数量的粮食、棉布、化肥、卷烟、食糖等作为奖励的一种暂时性措施，也是商品等价交换的一种补偿形式，对鼓励农民多生产、多交售国家需要的农副产品能起促进作用。1982年，每投售100千克红糖奖售标准氮肥22千克，供应煤炭160千克；超过收购基数的部分，每超售100千克，增加奖售氮肥10千克。同时还采取粮糖挂钩政策，即少交售100千克红糖，应交售150千克平价粮。

义乌种糖蔗的土壤主要有三种：一是红泥土，二是白泥土，三是黄沙土。种出来的红糖也有三种味道：红泥土种出来的红糖其色深红，糖粒较粗，遗憾的是其味带咸，不宜储藏；白泥土种出来的红糖呈金黄色，颜色非常好看，粒细，遗憾的是味道有点酸，和红泥土种出来的红糖一样，储存期不会超过一年；最好的是黄沙土种出来的红糖，“堆在桌上会爬，放在口中会化，其味既香又甜，储存三年不烂”。当年，黄培记号选送的义乌青就产自佛堂镇燕里村的黄沙土种出的糖蔗。

**表5：稠城集市主要农副产品行情表（元/市斤）**

**资料来源：《义乌供销社志》**

| 品名 | 1957年 | 1962年 | 1985年1月 | 1986年12月 |
|---|---|---|---|---|
| 大米 | 0.24 | 1.60 | 0.25 | 0.36 |
| 大小麦 | 0.23 | 1.48 | 0.20 | 0.30 |
| 黄豆 | 0.28 | 1.65 | 0.47 | 0.65 |
| **红糖** | **0.50** | **2.80** | **0.52** | **0.44** |
| 茶叶 | 0.90 | 5.00 | 2.80 | 4.50 |
| 南枣 | 0.70 | 3.00 | 4.50 | 5.00 |

续表

| 品名 | 1957年 | 1962年 | 1985年1月 | 1986年12月 |
| --- | --- | --- | --- | --- |
| 猪肉 | 0.60 | 3.70 | 1.20 | 1.35 |
| 活鸡 | 0.60 | 2.87 | 1.40 | 2.00 |

1979年10月27日，省财政局、省商业局调整红糖收购价格：现行价带税收购价按30%税率计算，调整价带税收购价按20%税率计算，调整前后两个带税收购价的差额为减税补贴款，全部以价外补贴形式与红糖收购款同时付给生产（投售）者。义乌甲级红糖带税收购价由每担38.75元调整为33.75元，乙级红糖带税收购价由每担35.86元调整为31.38元。

20世纪80年代，基层供销社设红糖收购点40个，承担全市4000多个生产队及社员自留糖的收购业务。1967—1984年的18年间，共收购红糖7.92万吨，年平均收购4400吨（最多收购年份为1968年，收购8180吨），共外调红糖5.36万吨，多数销往杭州、嘉兴、金华、宁波及东北各地，县内零售，占总收购量的25%左右。1985年，取消食糖派购任务，红糖价格随行上市。在市场开放、允许多渠道经营的情况下，1985年起，县供销社在全县设18个收购点，收购红糖，奖售化肥，激发糖农投售积极性。1985年共收购红糖3317吨，1986年3738吨，1990年1382吨。

中华人民共和国成立起至20世纪80年代，义乌糖蔗种植面积占浙江省的30%以上，红糖生产量的增减直接影响全省食糖市场供应。

1991—2005年，红糖基本上以糖农自产自销为主，涌现了一批购销大户。有时外地客商也上门来收购。1992年起，由于红糖购销渠道不畅通，产品滞销，糖价上不去，供销社系统采取各种办法帮助糖农推销红糖。是年，全市共推销红糖3105吨。

1997年，义乌市被列为糖料生产基地。由基地办、农业局主持实施糖业产销一体化建设。为确保红糖质量，制定红糖地方标准，申请注册义乌红糖“黄培记号”商品商标；改进红糖包装，设计精美小包装；组建红糖产销服务体系，参加全国各地展销展示会。2001年起，全市相继出现“黄培记”“农家情”“洪太”“港濠”等红糖经营加工企业，改变了由农户坐等客商上门收购的经营方式，主动到全国各地找市场促销售。

义乌红糖历来声誉较高。1998年，荣获浙江省优质农产品称号；1999年、2001年，均获中国（北京）国际农博会名牌产品称号。

# 二、义乌红糖加工制作方式及流程

义乌红糖加工制作方式主要有木糖车传统型、半机械化制糖型和机械化制糖型三种。目前，义乌红糖加工在古法制糖的基础上采用半机械化模式，在榨汁环节中使用动力型的榨糖机，大大提高了制糖的效率和产量，同时在熬糖的过程中保留古法铁锅煎熬制糖，此过程中需要人工不断搅拌，真正体现了一个『熬』字，因此，保证了义乌红糖的绝佳品质。经不断改进，义乌红糖制糖工艺渐成规范，主要工序有收获糖蔗、榨（轧）糖汁（糖水）、煎制红糖等。

# 二、义乌红糖加工制作方式及流程

## [壹]义乌红糖加工制作方式

义乌红糖加工制作方式主要有木糖车传统型、半机械化制糖型和机械化制糖型三种。

**一、木糖车传统型**

一部木榨糖车不分昼夜地由三四头大耕牛轮换拉转糖车绞糖蔗。牛拉糖车大弯木时，为了方便牛能绕着糖车走，一定要从大弯木上拉一根绳子扎在牛的左侧牛角上。到绞糖结束时，这几头牛扎过绳的左牛角上会出现一道深深的凹痕。由此可见，当时参加糖车绞糖、制糖所费的人力、牛力令人吃惊。

《绞糖图》

据资料记载，20世纪三四十年代是义乌历史上种蔗制糖的最盛时期。1941年，义乌县内有糖

《木糖车·绞糖》(西楼表演项目)

车400多部;1947年,有糖车518部,全义乌设有佛堂、江湾、倍磊、义亭、六和、永宁、廿三里等8个糖场。1948年的《浙江经济年鉴》记载:“佛堂为义乌首镇,系产糖中心地区。”这一年,义乌“糖产量21385市担”。

《天工开物》对于古时红糖熬制工艺有非常详细的记载。“凡取汁煎糖,并列三锅如品字,先将稠汁聚入一锅,然后逐加稀汁两锅之内”,即将新鲜甘蔗榨汁之后,将残渣过滤,然后将甘蔗汁倒进并排在一起的多口锅里,架火熬炼,通过不停搅拌使水分完全蒸

发，进而冷却得到红糖。这就是古代手工熬糖工艺。古时熬糖的技术要领，总结起来有十六个字：大火开泡，小火撇泡，猛火赶水，微火出糖。

《天工开物》第六章原文写道：“糖品之分，分于蔗浆之老嫩。凡蔗性至秋渐转红黑色，冬至以后由红转褐，以成至白。五岭以南无霜国土，蓄蔗不伐以取糖霜。若韶、雄以北，十月霜侵，蔗质遇霜即杀，其身不能久待以成白色，故速伐以取红糖也。凡取红糖，穷十日之力而为之。十日以前，其浆尚未满足，十日以后，恐霜气逼侵，前功尽弃。故种蔗十亩之家，即制车釜一付以供急用。若广南无霜，迟早惟人也。”本章对糖蔗及红糖造糖工艺进行了图文并茂的描述，与现今土法制糖工艺有异曲同工之处。

南塘先生校訂
天工開物
浪華書林
菅生堂

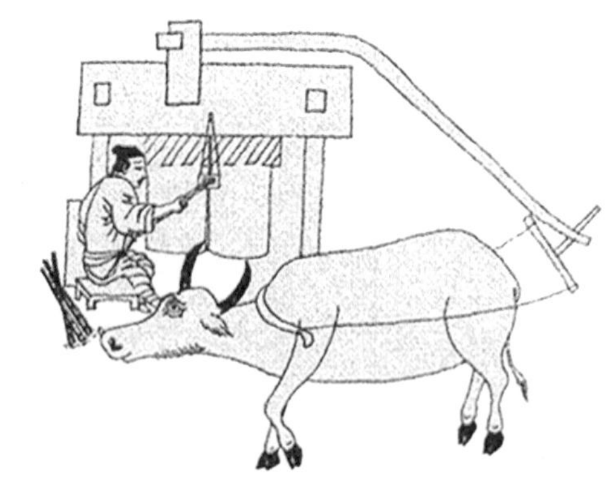

《天工开物》中的木糖车

张金龙在《义乌木糖车》（2002年9月16日《金华日报》）一文中指出，《天工开物》中的木糖车图有好几处毛病：一是糖车画成顺时针转动了，若顺时针转动，糖蔗就要从另一个方向喂进去；二是屈木（糖冲）画成有钝角的硬弯，这样的糖冲受不了多少力，容易折断；三是牛与人、糖车比例失调，牛太大，人与糖车画得太小，况且牛画在正面，下板露出部分及装糖汁的缸就无法画了。

到20世纪70年代初，义乌这种牛拉榨糖法基本被淘汰。

**二、半机械化制糖型**

民国6年（1917），佛堂镇开办了全县第一家小型机制糖厂。日军侵略义乌以前，居住在义亭的一个上海人曾使用压榨机榨糖蔗，制红糖。民国22年（1933），省政府拨款10.4万元，县政府实业科在江湾村创办了金区合作糖厂，用离心机制取白砂糖，并加工冰糖。民国26年（1937），因亏损，工厂迁移到丽水。

1957年，在义亭乡雅文楼、王宅乡东山、稽亭乡晓联村分别办起了日榨能力50吨的半机械化糖纸浆厂，采用动力轧榨，土法煎糖。1958年，糖纸浆厂合并到雅文楼，称义乌糖纸厂，日榨糖蔗280吨，年产红糖651吨，占全县红糖产量的8.9%。

20世纪70年代起，建造瓦房安置榨糖机，同时，有的糖灶房也建造便于制糖的瓦房，称红糖加工厂。1985年，义乌农村有520家红糖加工厂，榨期由2个多月缩短到20—30天，糖农再不用担心绞糖时因低温冷冻而遭受损失了。

**三、机械化制糖型**

1959年，占地14万平方米的义乌机制糖厂动工兴建（在佛堂镇义乌江边杨宅村山坡上），1965年12月开机试榨成功，1966年正式投产，日榨能力500吨，生产白砂糖、赤砂糖。1967年，义乌糖纸厂并入义乌机制糖厂。是年，产白砂糖1394.1吨、赤砂糖304吨，占全县糖产量的19.5%左右，而后更名为义乌综合糖厂。1982年扩建到日榨能力1060吨，跨入全国大型糖厂行列，承担全县榨糖任务的50%。是年，产白砂糖6050.9吨。1965—1996年，共生产白砂糖93070.81吨。1997年，因蔗渣造纸水污染和榨糖效益不佳而停产。

## [贰]义乌红糖制作流程

目前，义乌红糖加工在古法制糖的基础上采用半机械化模式，在榨汁环节中使用动力型的榨糖机，大大提高了制糖的效率和产量，同时在熬糖的过程中保留古法铁锅煎熬制糖，此过程中需要人工不断搅拌，真正体现了一个“熬”字，因此，保证了义乌红糖的绝佳品质。经不断改进，义乌红糖制糖工艺渐成规范，主要工序有收获糖蔗、榨（轧）糖汁（糖水）、煎制红糖等。

**收获糖蔗**　“有糖无糖，立冬绞糖。”小型糖厂和木糖车绞糖生产一般都在立冬开始收获糖蔗，机制糖厂于立冬前半个月始榨，

收获糖蔗

待榨糖蔗

但以小雪前后为佳。供榨糖的糖蔗须在榨糖前1—2天（冰冻天气除

外）收获。收获时，要经剥叶（分2—3次）→砍梢头→掘倒糖蔗（俗称糖梗）→搿糖蔗（分成单根）→去泥、削去根须→捆扎（每捆35—40千克）→运到榨（轧）糖处待榨。

**榨（轧）糖汁（糖水）**　木糖车榨糖汁由两人操作。当牛拉动糖铳[1]使雌雄棔沿相反方向转动时，一人坐在糖车棔前面"饲"糖蔗，另一人在对面紧随之整理经压榨的糖蔗，称"拾渣"。每根糖蔗都须经过3次压榨，每50千克糖蔗出汁率70%左右，出糖率8%—8.5%。而

榨糖机榨糖

[1]　与前文"糖冲"在义乌方言中有不同发音，是否为同一物件待考。

熬糖

做糖

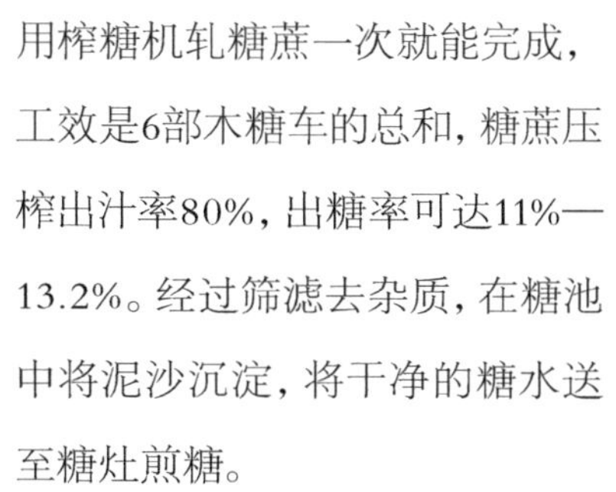

用榨糖机轧糖蔗一次就能完成，工效是6部木糖车的总和，糖蔗压榨出汁率80%，出糖率可达11%—13.2%。经过筛滤去杂质，在糖池中将泥沙沉淀，将干净的糖水送至糖灶煎糖。

**煎制红糖（俗称做糖）** 煎制红糖在糖灶里进行。每只糖灶需由三到四人操作，即候糖一到

起糖

两人，专管糖锅里糖汁变化、起锅、打乌糖、做糖等；另一人“打八脚”，即负责搬运糖蔗、燃料（柴、煤等），舀糖水，捞糖沫等；再另一人专司烧火，听从候糖者指挥，随时控制火力。

**制成固体红糖** 把糖水倒入前锅烧至沸腾后，放入小苏打（每50千克红糖放0.25千克）或少量生石灰，捞尽糖沫，随即倒入中间两口锅中，前锅再倒入第二缸生糖水。待第二缸糖水烧沸，捞尽糖沫后，中间两口锅内糖水已呈米筛花状（锅中糖水面上气泡像米筛孔般大），于是把两缸糖水混合分到后面的四口锅内煎，前锅又倒入第

成品义乌红糖

三缸糖水。等到第三缸（即下一“闸”的头缸水）烧沸时，后面四口锅内的糖水已起“大栗泡”（气泡似大栗般大），基本上已是糖浆。此时将中间两口锅中的糖水并入后面两口锅中，随即把前锅烧沸的糖水倒入中间两口锅里，前锅再倒入第四缸（第二“闸”），如此反复，直到气泡变得稀少、糖锅上方基本看不到白色水汽时，说明糖浆已成，应快速出锅，舀至糖槽。出锅前，在糖槽内放置10—30克小苏打，热糖浆倒入后，搅拌混合均匀，来回摊晾几次，待糖浆完全凝结，趁热铲翻，用糖锤揉碾粉碎，即得成品细糖（粉糖）。制作块糖不加小苏打，在糖槽内将糖浆来回摊晾几次，基本凝滞时静置，凝结时用糖铲划切成块，冷却后铲起，即得成品块糖。

# 三、义乌红糖产品

义乌红糖作为地方特色产品，其益气养血、健脾暖胃、祛风散寒、活血化瘀之效和特别适于产妇、儿童及贫血者食用的特性家喻户晓。红糖除食用、药用外，大量用于红糖麻花的加工，红糖制品还有红糖核桃、红糖炮筒、红糖烧饼等。

# 三、义乌红糖产品

## [壹]义乌红糖的主要产品

### 一、红糖的定义

“红糖”在各种资料中有着不同的解释。

《辞海》(1979年版)中的解释是:“由甘蔗制成的含糖蜜的糖。色红,具特殊香味。”

《现代汉语辞海》(2002年版)中的解释是:“一种土法制的糖,结晶细而软黏,色泽深浅不同,其晶体外部覆盖上一薄层深色糖浆。”

《现代汉语词典》(第7版)(2016年版)中的解释是:“用甘蔗的糖浆熬成的糖,褐黄色、赤褐色或黑色,用甘蔗的糖浆熬成,含有砂糖和糖蜜。供食用。有的地区叫黑糖或黄糖。”

红糖产生初期并未被广泛食用,属于稀缺之物,所以在很多地方都被记载在“异物志”(奇珍异宝)中,基本为药用,其用法在很多医典中均有记载,如《千金要方》《外台秘要》《食疗本草》《寿亲养老新书》等。朱丹溪的医学著作《格致余论》中的“沙糖”(即红糖),也是在处方中出现。

白唐太宗遣使去印度学会了蔗糖改良技术后，用明火熬制红糖的方法得以普及，甘蔗种植面积也逐渐扩大，红糖逐渐从皇亲国戚独享过渡到平民百姓阶层，用途也从药用逐渐普及到了食用。因此，红糖在中国历史上一直被界定为“药食同源”的一个品类。

## 二、传统红糖

目前，传统红糖业作为一个产业在我国传承下来的并不多，但在浙江义乌、广西、云南、贵州这些传统的甘蔗产地，还有一些制红糖的作坊传承着这个传统技艺。

在贵州省的南部，黔西南布依族苗族自治州兴义市巴结镇，有一个神秘的地方，那里背依风光秀丽、万峰成林的万峰林，面向烟波浩渺、碧波万顷的万峰湖，绿水逶迤的南盘江静静地流过，形成了独有的亚热带河谷地带，土壤沙质，日照时间长，降水充沛，非常适合甘蔗的生长。这里的甘蔗种植以及红糖制作历史可以追溯到大唐盛世，很多古代的甘蔗品种依然在这里生长，自明清以来，这里生产的红糖就是进献皇宫的贡品，史称“府糖”。

这里古属夜郎国，群山茫茫，物产丰饶，布依族、苗族等少数民族在这里生生不息。独特的地理位置、闭塞的自然环境以及少数民族独有的宗教文化，使古代传统的制糖方式得到完整的保留。《天工开物》中描述的牛拉糖车以及直风灶依然如活化石般存在于此。

这里出产的“甘者”古方红糖完全遵循古代方法，采用传统的“直风枪灶”和“连环锅”工艺，不添加现代工艺中的硫黄、磷酸、石灰等，也不添加任何防腐剂、色素、抗结剂、助剂等化学物，天然保留了对人体有益的各种糖分和微量元素，是传统红糖中的佳品。2010年，中央电视台《农广天地》节目组详细拍摄了传统红糖的生产工艺和制作过程，让这种即将失传的千年工艺重新回到人们的视野之中。

进入21世纪以来，温饱问题的解决使人们对食材的品质要求越来越高，对很多工业化加工品也产生了质疑，而传统天然的食材则逐渐受到重视。近几年流行的《舌尖上的中国》节目，淘宝上的“挑食”频道，恰恰反映着这种潮流。随着人们对品质的追求，传统红糖也逐渐回到人们的视野中。

义乌红糖因色泽嫩黄而略带青色，又名“义乌青”，素以质地松软、散似细沙、纯洁无渣、香甜可口著称，为义乌著名的大宗土特产品。义乌红糖采用传统的加工方法，绞蔗汁后用柴烧铁锅煎熬制成，因未经提纯，保留了蔗汁中的全部成分，除了具备糖的功能外，还含有多种维生素和微量元素，是红糖中的上品。传统做法保留了糖蔗原本的营养，同时也使红糖带有一股类似焦糖的特殊风味。制作过程中，熬煮的时间越久，红糖砖的颜色也越深。义乌红糖作为地方特色产品，其益气养血、健脾暖胃、祛风散寒、活血化瘀之效和

产妇专用糖

特别适于产妇、儿童及贫血者食用的特性家喻户晓。

据分析，传统红糖中含钾、钙、磷、铁和人体必需的锰、锌等微量元素，且含量较高；此外，还含有胡萝卜素、核黄素和烟酸等成分，是红糖中的上品，具有舒筋活血、祛寒去湿、暖胃强身等诸多功效。产妇食之，能恢复元气，丰富乳汁；儿童食之，补钙助育，增强体质；患急性肝炎的病人适当服食红糖，能减少体内蛋白质消耗，使肝细胞得到再生；红糖还有补血的功效，中医营养学认为，性温的红糖通过“温而补之，温而通之，温而散之”来发挥补血作用，用热水冲饮不失为吃红糖的好方法；红糖对年老体弱，特别是大病初愈的人，还有极好的疗虚进补作用，对血管硬化能起一定的预防作用，且不易诱发龋齿等牙科疾病，多见于蛋汤、红枣汤中。红糖不仅是人们生活中一种不可缺少的调味品，而且是一种生热祛寒、消除疲劳、帮助消化的滋补佳品，亦是具有良好药效的地道药材。

义乌红糖（箩筐装）

白糖味甘、色白、性平，但其补血的效果远不及红糖。一般认为，白糖过于纯净，几乎不含微量元素，与具有传统特色的红糖不可同日而语，其营养功效自然与红糖不可同论。即使在科技发达的日本，许多食品还特地标明“纯正红糖”字样，这从一个侧面说明了红糖非等同于白糖的作用。

2015年9月22日，为传承与发展义乌红糖传统制作技艺，进一步

义乌红糖（细糖）

义乌红糖（块糖）

开发义乌红糖产业，提高义乌红糖知名度和美誉度，由省人社厅主办，市科协、人社局、农合联、义亭镇政府等多部门协办的浙江省义乌红糖制作技艺高技能人才培训班设立，为期一周的义乌红糖制作技艺系列讲座开课。来自义乌市各镇街的红糖加工、销售（电商）企业主近八十人参加了培训会。讲座分为两期进行，内容主要涉及红糖技术提升、新产品开发、品牌培育、网上红糖节等。

近几年，“康红”“小宝”“同心乐”“敲糖帮”“义金红”“铭悦”等红糖企业和有识之士在红糖加工工艺改革、红糖衍生品的开发、包装设计和机械设备应用上进行了有益探索，并取得阶段性成效。在企业标准制定和应用方面，“义红”“康红”“商城红”等红糖

义乌红糖制作技艺系列讲座

企业走在了全市前列。为延长和深化义乌红糖产业链，“义金红”在糖蔗汁浓缩方面进行了有益的尝试，并获得初步成效。

## 三、现代红糖

虽然按照国家产业目录，传统红糖和机制红糖（也称“现代红糖”“赤砂糖”）属于同一产品，但是由于生产工艺的不同，此二者在外观和功效上也存在着明显差异。

首先，制作工艺不同。传统制糖采用过滤、加热等纯粹的物理方法让甘蔗中的糖分进行自然结晶，除了蔗糖，甘蔗中的其他有益元素，包括果糖、还原糖、葡萄糖、糖蜜以及维生素、矿物质和微量元素等，都得到了最大限度的保留。而机制红糖的生产是采用化学和物理相结合的方法，先把一些还原糖等进行反应转化为蔗糖，然后把蔗糖分离提纯出来，从甘蔗中提纯蔗糖，其他的物质都通过化学方法处理掉了。这种方法虽然提高了蔗糖的单位产量和纯度，但是却将甘蔗内的其他有益元素都去除掉了，同时，红糖中也不可避免地存在部分化学残留物。

机制红糖加工工艺比起古法炼制有了很大的改进，主要区别为机制红糖加工是糖蔗汁在制作红糖的过程中提取了白砂糖后的剩余物浓缩而成。

其次，外观存在差别。机制红糖一般呈粉末状或者呈晶体状，而根据《本草纲目》的记载，传统红糖的外观“凝结如石，破之如沙”，切丌一侧，可以看到其内部有非常明显的沙纹，这也是古人称之为“沙糖”的由来。

再次，口感和功效大不相同。传统红糖蔗香味浓郁，口感细滑，甜度为机制红糖的1.5倍，同时，由于保留了甘蔗的大量有益元素，具有良好的温补功效。

红糖麻花

## [贰] 义乌红糖的衍生产品

1954年，糖蔗的综合利用开始被重视，利用糖沫酿制烧酒，就是当时的县专卖公司和协和酒坊职工在政府的支持和帮助下试验成功的。这一年，利用糖沫2800多担，酿制烧酒2800多担。

红糖芝麻炮筒

酿制烧酒的糖沫是制作红糖的副产品。红糖煎制时，有一层渣滓浮在糖水上面，为

盒装红糖麻花

红糖炮筒

保证红糖质量，必须将其捞出。过去都将捞出的渣滓作为废物遗弃。用来酿制烧酒以后，不仅废物利用，变废为宝，而且，糖沫烧酒，出酒率高，质量好，其味甜美可口，真可谓是既经济又实惠。糖沫制酒后还能提炼蔗蜡。1983年，提炼蔗蜡56吨，产值达30多万元。继酿制糖沫烧酒以后，又用糖壳酿制成了糖壳烧酒。到1983年，仅义乌糖厂一家利用糖

切麻糖

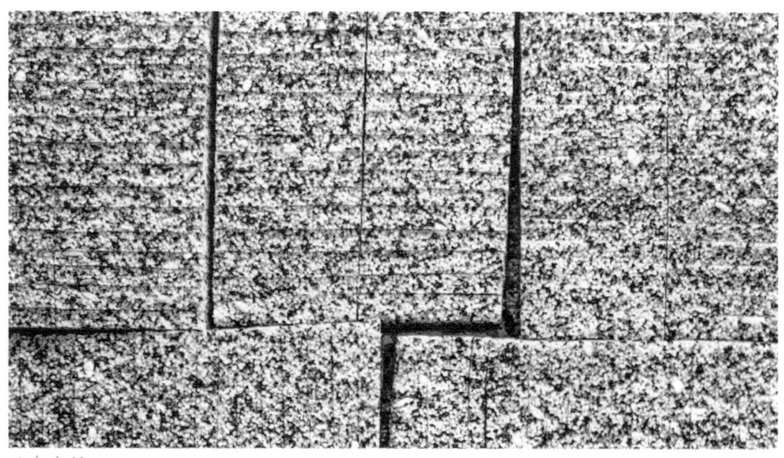
义乌麻糖

蔗的副产品酿制的烧酒就近万担。至于用糖蔗渣造纸、养菇等的综合利用，也早已随处可见。可以预期，随着科学技术的提高和生产力的进一步解放，糖蔗的综合利用将拥有更加广阔的前景。

除食用、药用外，红糖大量用于红糖麻花的加工。红糖制品还有红糖核桃、红糖炮筒、红糖烧饼等。

在制作义乌传统食品——“年糖”的过程中，红糖发挥了大作用。义乌风俗，每年腊月，家家户户用米、粟、花生、豆、芝麻等烘炒，拌上调煮的红糖，制成冻米糖、粟米糖、芝麻糖、花生糖等多种年糖。年年如此，代代相传。人们说这是迎新年除旧岁的一种标志，也是庄稼人一年辛勤劳动的成果，为新春佳节增添食品花样，丰富

红糖姜汤加工车间

红糖姜汤

了节日生活。因此，切糖、杀猪、酿酒素来被称为义乌农家“三乐”。如今，这一传统食品在红糖产业化的进程中大放异彩，成为红糖主要深加工产品之一。

同时，相对于单一的红糖来说，红糖制品的经济效益是相当可观的。统计数据显示，每年生产的红糖中约有三分之一被加工成姜糖、核桃糖、芝麻糖等红糖系列产品，深受本地及外地客户青睐，甚至远销东南亚。

除年糖系列的红糖加工食品外，如今还有部分红糖被加工成保健食品，即在传统红糖的基础上通过添加一些具有保健功效的食物，从而制成具有保健性质的红糖，是红糖发展的新趋势。保健红糖方面也有一系列的产品，如姜汁红糖、姜丝红糖、产妇红糖、玫瑰红糖、枸杞红糖、阿胶红糖、红枣红糖等，但由于在保健红糖中添加了不同的中药及其他食品成分，没有统一的标准，其发展也在一定程度上被制约。

义乌市新洪太食品有限公司、小宝红糖厂等利用义乌红糖作原料研制开发了红糖姜汤，传承义乌红糖文化，并打开了市场，销量逐年增加，为红糖深加工开辟了新的途径，产品辐射北京、上海、广东、福建、江苏、浙江和东三省等。新洪太食品有限公司拥有姜汤、姜茶两项发明专利及外观专利证书。

### [叁]会展红糖

会展业的快速发展，对结构调整、开拓市场、促进消费、加强合作交流、扩大产品出口、推动经济快速持续健康发展等发挥着重要作用。

义乌是中国十大有影响力的会展城市之一，目前会展企业有70

2015年森博会红糖产品热销

家左右，就业人员1200人，带动就业1万人左右。2017年，义乌共举办各类展会活动134个，参展企业1.7万多家，参会观众近194万人次，会展行业收入约10亿元，带动相关产业收入60多亿元，拥有义博会、旅博会、森博会、装博会、文交会、电博会等多个展会品牌。

义乌展会发展呈现出五大趋势。一是融入“一带一路”战略，举办一系列国际型会议；二是突出展会经贸实效，展览对接洽谈会；三是实施走出去战略，拓展义博会境外展；四是大力发展会展旅游；五是顺应互联网发展，提升展会服务水平。

2016年浙江省农博会义乌红糖馆设计图（外景）

2016年浙江省农博会义乌红糖馆设计图（内景）

义乌红糖在农博会上深受欢迎

义乌红糖在各大展会上频频亮相，并取得骄人的业绩。“敲糖帮”常驻国际博览中心，其红糖系列产品深受会展客商的喜爱。义乌“敲糖帮”“小宝”“同心乐”“黄培记”等红糖企业在义博会、旅博会、森博会、文交会上，人气爆棚，产品供不应求。

浙江农博会每年举办一届，义乌红糖系列产品成为抢手货。2016年11月24日至29日，浙江农业博览会在浙江新农都会展中心和浙江农业展览馆（杭州和平国际会展中心）举行，义乌市15家农业龙头企业参展，首次特设义乌红糖馆，受到观展者欢迎。11月27日下午两点多，时任浙江省委书记、浙江省人大常委会主任夏宝龙来到浙江新农都会展中心参观农产品展销情况。义乌市小宝农业开发有限公司是本次义乌红糖馆的布展企业，企业负责人鲍小宝说，义乌红糖馆开馆后人气特别旺。夏宝龙书记入馆时，展馆现场的一锅红糖刚刚煮开，加工师傅正在演示切割麻糖的工艺流程。夏宝龙书记饶有兴趣地观看了义乌红糖现切芝麻糖表演，并在现场进行品尝。与此同时，鲍小宝向夏书记介绍了义乌老手艺制红糖的情况，夏书记听了后竖起大拇指，为这一红红火火的“甜蜜事业”连连点赞。据“同心乐”介绍，农博会上参展的红糖系列产品异常火爆，很受欢迎，营业额超过20万元。

义乌的红糖企业还经常参加沈阳、西安、上海、宁波、温州等地的展会，传播红糖文化，扩大知名度，也为企业带来丰厚的回报。

## [肆]红糖文创

不忘初心，方得甜蜜。借助义乌文创产业良好发展机遇，利用城乡各类文创平台，赋予义乌红糖更多文化内涵和情感故事，加快了义乌红糖产业的优化和提升。

商城红红糖厂注重“商城红”标志和品牌设计，挖掘文化内核，植入文化元素。网店的销售量已经赶超实体店，占总量的三分之二。为了让这份甜蜜的事业走得更远，该厂决定细分客户人群，针对老年人、女性和商户这三个不同的群体，推出配方不同的红糖饼。糖饼的外在也有不同，画有一些有关红糖和乌伤的传统文化故事，让更

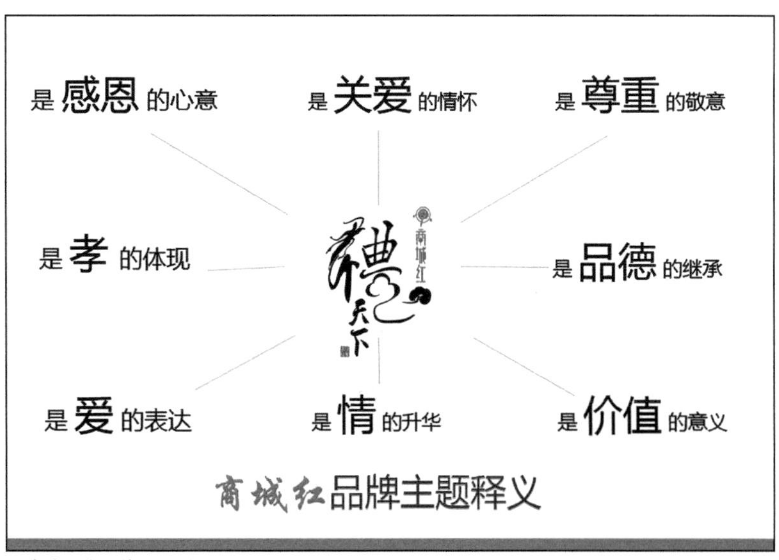


“商城红”品牌主题释义

多外地人了解红糖的文化底蕴，对红糖产品产生更深的感情。

“商城红”红糖的创意“女生红糖”，将红糖与女生的梦想和向往结合在一起，提出“甜格格”这一主题，简单易记，同时带有可爱的元素，配上萌萌的Q版卡通形象，从视觉上就牢牢吸引住女生的眼球，建立了红糖和消费群体之间的桥梁，缩小了产品和消费者之间的距离感。同时，该厂充分利用大数据进行统计分析。2014年，线上客户集中于浙江省内温州、金华等地；2015年，浙江省内丽水和杭州，浙江省外江苏、上海和广东销量增长迅猛；2016年至今，湖南、湖北以及东三省的客户增长最为明显。精准定位消费区域可以增加当地代理，减少推广成本，实现小投入、大产出的效果。

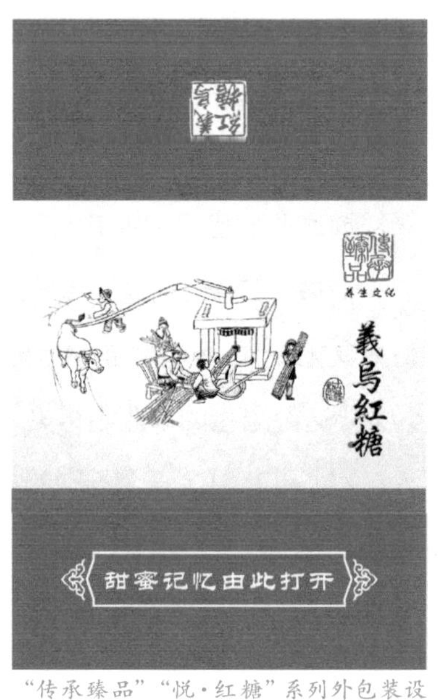

“传承臻品”“悦·红糖”系列外包装设计图

每年冬至前后，义乌人都会给外地的朋友、客户寄一些义乌特产——红糖。朋友们收到红糖后都会给出一些好评。可等到了天气

西楼红红糖外包装

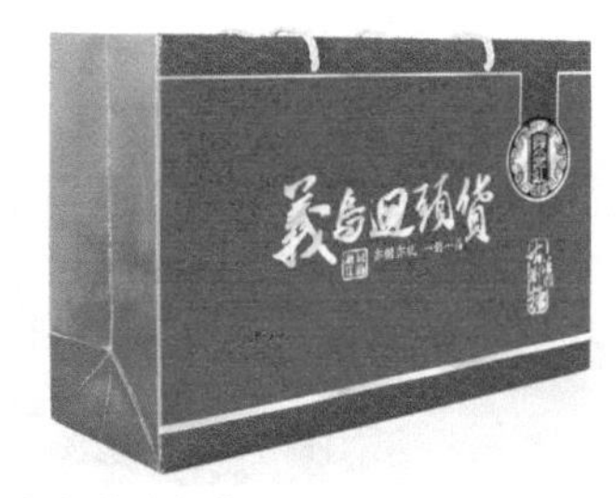
义金红红糖外包装

西楼红红糖外包装

义金红麻糖外包装

黄培记号红糖外包装

义乌红糖麻花包装设备

义金红麻糖包装

敲糖帮古法红糖标签

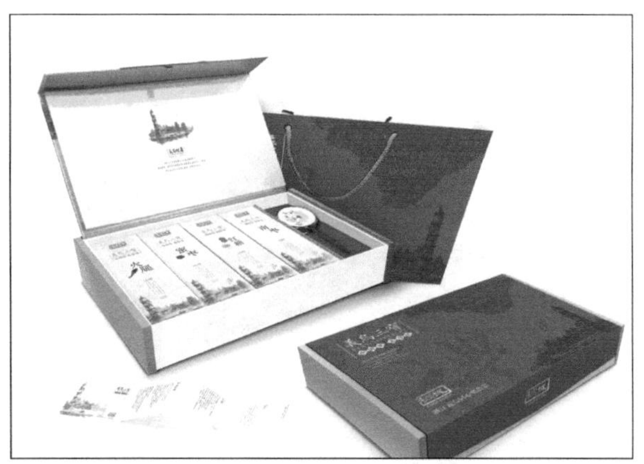

义乌三宝(红糖、火腿、南蜜枣)礼盒

小宝红糖外包装

八都红红糖外包装

吴大红糖外包装

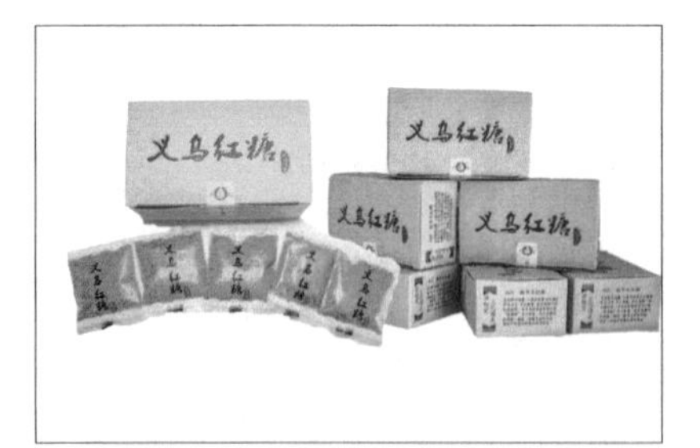


义乌红糖小包装

义红红糖外包装

同心乐稠城义乌红糖系列

转暖，红糖可能会出现长毛、变味等问题。“传承臻品”针对这一问题，遵循悦享生活、敬天惜物、道法自然的理念，专为悦人、悦己打造贴心产品，开发了“悦·红糖”系列产品，把原来的大块装做成了小方形或圆台形，把原来的大桶装变成了单独包装，结合养生，把花果融入红糖中去，调和了口感，刷新了味觉。它没有浮夸的包装，十分简约，每天一块，可以补充能量。红糖是个药食同源的大产品，有着天然的大众需求，特别受到了爱自己、爱养生的女性人群的肯定。

从无包装、塑料袋、筒装到礼盒纸箱、盒装罐装、附产品说明书等，义乌红糖的包装越来越丰富多彩，寓意深刻，文化元素植入自然，富有亲和力。

# 四、红糖文化

季羡林先生从考据学研究方法出发，采用『寓论于史』的史学实证性的写作手法，通过辑录周代至清代大量的原始资料和中外糖业物流的资料，梳理分析，力图使人们感受到物化的交流所凸现的文化内涵，从而证明『糖是文化载体』的观点。糖与大众的文化心理相结合，与虔诚的宗教、祭祀相结合，与喜庆的婚俗相结合，与人们看重的生育繁衍相结合，与甜美的梦想与渴盼相结合，形成了以喜庆、甜蜜为主题的糖文化内涵。

# 四、红糖文化

红糖不仅是一种食品，也是绵长深厚的社会文明的产物。义乌人红火的生活离不开红糖的滋润，国际商贸城的兴起与红糖密不可分。

《中华五千年文明图说丛书：烟酒茶糖与礼仪》一书中指出，文化还有所谓物质文化、精神文化之分，而在物质文化这种客观存在之中仍寄托着人们的精神追求，这种精神追求则代表了各种烟、酒、茶、糖文化的精髓。

在唐诗宋词中，多有与糖相关的诗句，如唐杜甫寓居成都草堂时的“人生几何春已夏，不放香醪如蜜甜”（《绝句漫兴九首》），唐韩愈的“一尊春酒甘若饴，丈人此乐无人知”（《芍药歌》）和北宋苏东坡的“涪江与中泠，共此一味水。冰盘荐琥珀，何似糖霜美”（《送金山乡僧归蜀开堂》）等，北宋黄庭坚也有一首极具风趣的糖霜诗：“远寄蔗霜知有味，胜于崔浩水晶盐。正宗扫地从谁说，我舌犹能及鼻尖。”

季羡林先生是研究糖业史的权威，其糖业史研究的领域和涉及的内容极具广度和深度，在国内外从事糖业史研究的学者中，他的成果最丰。季羡林先生对糖业史的最大贡献在于其对糖业史研究领域的开拓，突破了20世纪90年代前糖业史研究主要局限于对甘蔗种植和榨糖技术探讨的局面，提出了“糖是文化载体”的观点，将人们的视角引向了社会和文化方面，其代表作之一的《中华蔗糖史》为在《季羡林文集》第九、十集之《糖史》的基础上修订而成。季羡林先生从考据学研究方法出发，采用“寓论于史”的史学实证性的写作手法，通过辑录周代至清代大量的原始资料和中外糖业物流的资料，梳理分析，力图使人们感受到物化的交流所凸现的文化内涵，从而证明“糖是文化载体”的观点。

《季羡林全集》（第十八卷）

季羡林先生的《糖史》洋洋洒洒几十万字，是其一生研究文化交流史的巨作，也是研究蔗糖文化史与科技史的巨著。全书共分三编：国内编揭示了蔗糖自先秦至清代的种植、制造、使用等演变、传

播的历史；国际编重点展现了蔗糖在东方和拉美国家的传播与演变；结束语则概括介绍了甘蔗种植和砂糖制造在世界范围内的文化交流中所起的作用以及中国在其中的贡献。

《糖史》对糖在中国以及外国的发展历史和应用进行了非常详尽的描述。20世纪80年代初，季羡林意外地得到一个敦煌残卷，上面记载着印度熬糖的技术。在解读之余，他对糖的传播产生了兴趣。《糖史》用大量事实证明，一千多年来，糖和制糖术一直在中国与印度、东亚、南洋、伊朗和阿拉伯国家之间交流和传播，同时也在欧、非、美三大洲交流。《糖史》还勾勒出了这些交流的路线，考证了交流的年代和集散的口岸，以及制糖水平由此得到逐步提高，糖的种类、品质也随之大大提高，逐渐形成我们今天常见的白砂糖、冰糖的整个历史过程。《糖史》还使我们了解到过去很少有人知道的有关甘蔗和食糖的种种知识，如甘蔗的种类、名称、种植技术及其传播，糖的名称及其演变，糖的典故传说，糖的食用和药用价值，产地分布和贩运、制造工艺等。

《糖史》还证明了印度最早制造出了砂糖（sarkara），传到中国，也传到埃及和西方，因此“糖”之英文sugar、法文sucre、德文zucker、 俄文caxap，都源自梵文sarkara。后来中国提高了制糖技术，将紫砂糖净化为白糖，“色味愈西域远甚”。这样，白糖又输入印度，因此印地语中称白糖为cīnī（意为“中国的”）。中国在制造白糖方面在当时居世界领先地位。到了明末，中国人发明了“黄泥水淋脱色法”，用这种方法制出来的糖，颜色接近纯白，是当时世界上品质最好的糖。明末清初，中国向外国输出的白糖就是用这种方法制成的。中国在甘蔗种植和砂糖制造技术传播方面也起过重要的作用。在夏威夷群岛、日本、中南美洲、南洋群岛等地，中国苦力在甘蔗种植园中努力工作，流尽了汗水，为当地经济的发展做出重要贡献。在砂糖的运输贸易中，中国人也起过重要作用。中国制造的白糖曾被运到世界上许多国家，为当地人民的食用品和药用品增添了品种，提高了当地人民的生活水平，这也可以说是蜚声全球的中国食文化的一个不可或缺的组成部分。

有学者认为《糖史》和《甜与权力：糖在近代历史上的地位》加起来就是糖的全球史。《甜与权力》是美国学者西敏司的人类学代表作，已被翻译成多种文字，传播到全世界。西敏司认为蔗糖是“第一个充斥着资本主义劳动生产力和消费之间相互关系的消费品”。《甜与权力》共有五章，作者分别从“食物、社会性与糖”“生产”“消费”“权力”“饮食人生”这五个方面来揭示该书的脉络。在该书中，糖并不仅仅是食物的“食物”，而且是一种用来考察资本主义生产方式和文化权力交织的社会历史变迁的文化符号，也是一种折射出资本主义发展动态的介质。

糖不仅作为中西文化交流载体而存在，在糖业发展的基础上，全国普遍存在着以糖寓意、以糖表意、以糖赋意的文化现象，食糖不仅仅是一个食品概念，而且具有精神的内涵。这种内涵带来的是一种信仰、企盼、寄托等更深层次的东西，这种深层次的文化现象，一旦通过糖的使用形成一套较为固定的礼俗加以表述，并且在民间传承、遵守，就形成了糖的文化性。

《中国糖业的发展与社会生活研究》中指出，所谓“糖文化”，就是明清至民国初年，在普遍用糖的基础上，经过长期的演变形成的一套广为民众接受的用糖习俗，以糖寓意，表达精神寄托，反映文化理念的社会文化。糖文化现象随着蔗糖在全国销售及使用的流转过程逐渐向全国辐射，并造成一定的影响。各地民众在民俗用糖过程中不断加入地方性元素，形成了相对固定的用糖文化，最后汇聚，使糖文化成为中华民族喜庆文化的一部分。糖文化包括三个要素：糖使用的普遍性、共性的民众习惯用糖行为和糖的精神文化理念。

文化是精神的总结，而精神的基础是物质，糖文化正是建立在高度普遍的物质概念上的精神体现。糖成为民众普遍使用的日常消费品，在用糖过程中，各地形成了种类丰富且极具地方性特点的糖制品，奠定了糖成为文化载体的基础。

糖在对人们的社会经济、日常生活习惯、医学方面产生影响的基础上，逐渐对风俗文化的形成产生深远的影响，这种影响的标志是糖早已不只是单纯的食品，糖与大众的文化心理相结合，与虔诚的宗教、祭祀相结合，与喜庆的婚俗相结合，与人们看重的生育繁衍相结合，与甜美的梦想与渴盼相结合，形成了以喜庆、甜蜜为主题的糖文化内涵。

《中国糖业的发展与社会生活研究》指出，18世纪中叶以后，糖以物质的形式在全国各地传播与流通的过程中，不断将各地的文化附于糖的本体中，将糖的文化烙上地方痕迹，同时在各地不断传承，促进了地区间的文化交流。在这种传承与交流中，形成了中华民族共同的糖文化符号，这种以糖寓欢庆的民族心理影响深远，已经成为民族文化不可或缺的组成部分。

《货郎图》（元代，立轴，设色绢本，186.5厘米×92.5厘米）

## ［壹］鸡毛换糖

在联合国与世界银行联合发表的一份报告中，对义乌有这样一段描述："义乌市距上海市300千米，是全球最大的小商品批发市场。" 早在宋代，王柏就曾指出："今之农与古之农异，秋成之时，百逋丛身，解偿之余，储积无几，往往负贩佣工，以谋朝夕之赢者，比比皆是也。”（《鲁斋王文宪公文集》卷七，《社仓利害书》）元代绘画作品《货郎图》中绘有反映当时现实生活的货郎担。这表明，为解生活之困，百姓中从事小本买卖者已有相当的数量。

《义乌商帮》一书指出：“义乌人从事敲糖换鸡毛之生涯，应该是发轫于南宋，活跃于明代中后期，至清乾隆年间盛极一时，从而形成声势浩大的‘敲糖帮’，全县约有糖担万副。”

清代康熙《新修东阳县志》中有这么一段话：“后万历年间，率多习兵应募，已而罗募营废，皆散入江干（杭州），徙为他业，如肩挑买卖不等。每当冬春之交，来者熙熙，往者攘攘，不啻数千人，其迁居著籍者，又不胜数也。”这间接表明，义乌兵因连年在外游走征战，回乡后有些人已不善务农，只好改为他业，从事以货换货的行当。

明代，戚继光在义乌招兵抗倭，战事结束后，将这批兵员遣回原籍。这些彪悍骁勇的义乌子弟复员之后无田可种，就利用自己走

《太平春市图》（清·丁观鹏）

南闯北、信息灵通、交际灵活等特点，开始了贸易生涯。他们将义乌红糖制成糖片或糖粒，挑着糖担，摇着拨浪鼓，到外地沿门挨户叫卖。操此业者越来越多，周边县的人也加入这一行列。经此酝酿，至清顺治、康熙之际，种蔗制糖技术的引进与发展亦带动与之相关的“鸡毛换糖”行业的发展。义乌以鸡毛换糖的“敲糖”生意迅速崛起，到清乾隆年间（1736—1795）达到鼎盛，约有糖担万副，以廿三里、苏溪两镇最为集中。

《义乌墨韵》（2006年10月版）中载述：“地处浙中的义乌，历来有经商的传统。这种传统，旧城改造中惊现的十三口古井是例证；义乌‘三宝’（红糖、火腿、南蜜枣）能在重要商埠苏州占有一席之地，也是例证；一副糖担走村穿巷、浪迹天涯，成就了商界知名的‘敲糖帮’，更是例证。可否这么说，所有这些，都是国际商贸城崛起的文化基因？”该书收录的《太平春市图》是清代传世画作，由乾隆年间（1736—1795）宫廷画师丁观鹏所绘，台北故宫博物院藏，描

台湾《太平春市图》极限明信片（五枚联票中的一枚）

绘新春农村热闹欢庆的情景，可以明显看到货郎担。

1975年2月25日，台湾发行了丁观鹏《太平春市图》邮票，一套八枚，五枚联票，三枚特写。

《义乌骆氏松林大清塘宗谱》记载，骆宾王诗云：“农事惟邦本，先民履亩东。翠华临广陌，彩轭驾春风。礼备明神格，年期率土丰……”骆氏松林大清塘子孙遵循祖训，耕读齐家，农、艺、士、商并举。敲糖换鸡毛的原料是自产红糖，加上生姜粉，熬成块或做成颗粒，口感要适应儿童的口味，不能过辣，又香又甜，儿童特别喜欢吃。敲糖换鸡毛，不仅换回了种水稻的有机肥料，提高了水稻的每亩产量，同时，耳听八方，眼观六路，收集了大量的商业信息。有经商灵感的老童生们有了行商坐贾的商业经济意识，奏响了“曲项向天歌”的时代最强音！

中国小商品城发展历史陈列馆解说词中写道，说到糖块，就不能不说说义乌的土特产之一：红糖。在清顺治年间（1644—1661），在福建一带的义乌人把甘蔗种植和用木糖车制糖榨糖的先进技术带回义乌。红糖对妇女和老人来说是一种保健食品，对儿童来说是一种零食，所以糖块受到了很多人的喜欢。人们通常用鸡鸭鹅毛、废铜烂铁来换取糖饼，而货郎则根据鸡鸭鹅毛、废铜烂铁的多少、好坏来敲相应的糖块。敲糖的时候用小刀按住糖饼，用小铁器敲之，所以人们形象地把这样挑着糖饼的货郎称为“糖担”。到了清乾隆年间（1736—1795），全县拥有糖担上万副，逐渐形成了有组织有体系的敲糖帮。

每年冬春农闲季节，义乌农民肩挑糖担，一粒糖块，几把鸡毛，一根扁担一张嘴，两只箩筐两条腿，手摇拨浪鼓，用本县土产红糖熬制成糖饼或生姜糖粒，去外地上门换取禽畜毛骨、旧衣破鞋、废铜烂铁等，博取微利，弥补农业收成的不足。糖担的糖饼多是一尺至一尺半直径大。同时，将木桶改为篾篓，在篾篓上面盖一木制方盘，将糖饼放在方盘上面，加盖纱布罩一只，另备“糖刀”一把、木槌一只。出卖时凭买主付钱多少，即以“糖刀”敲给多少糖，并且不限于以钱交易，也可以物换糖，统称为“敲糖”生意。“物”的范围极广，而以废铜烂铁、鸡鹅鸭毛等为主。

抗日战争前夕，义乌操此业人数已增至近万人，发展成为独特行业。糖担换回货物，分类剔选，公鸡三把毛（红鸡毛）和猪鬃外销换汇；羽毛下脚，用以肥田；废铜烂铁等卖给供销社的废品回收站做工业原料。由此，逐步形成了经商传统。

人民公社制度时期，义乌“鸡毛换糖”的农民曾算过这样一笔账，0.5千克鸡毛可以增产粮食1.5千克，而0.5千克上等的鸡毛可卖2元现金。1978年春节前后20天左右，平畴公社新兴大队出动70副糖担就回收鸡毛5000多千克，其中可用于加工的红毛1吨，价值4000元，用于做肥料的4吨。按照当时的价格计算，利润已相当可观。从这些鲜为人知的史实中也许可以这样推断：义乌世世代代从事个体经营的挑糖担克服千辛万苦开拓市场，最终建立了辐射全国的小商品市场，并孕育出富有地方特色的“鸡毛换糖文化”（有学者也称“拨浪鼓文化”）。“鸡毛换糖”是一种血液，敲糖帮的创业基因一直在义乌人的血管里流淌着。

王明华研究认为，“鸡毛换糖”包括以下几个环节：种植糖蔗→熬制红糖→制作姜糖皮糖→流动货郎担外出换取废旧物品（也做小商品交换）→整理废旧鸡毛→出售优质鸡毛→下脚鸡毛沤粪肥田→购入小商品→货郎担挑小商品和红糖产品外出。从这个长达半年之久的过程中，可以得出一般性结论：第一，红糖生产的目的不是满足自我消费；第二，红糖生产属于农业经济孕育商贸经济；第三，大量红糖生产最终导致商业贸易的发生。可以说义乌红糖文化就是一种商业文化，糖的生产从一开始就不是为了自给自足，而是为了交换和贸易，所以在糖文化圈里，社会从早期起就比较开放，也比较容易接纳和吸收异质文化，人们对迁移和流动习以为常，对血缘和地缘关系的观念相对淡泊，这种文化特征使义乌充满诚信包容的魅力。

在义乌，“鸡毛换糖”作为一种文化推动了城市发展和人民物质文化水平的提高。浙商十大标志性事件中，“鸡毛换糖”名列第一位。它的历史源远流长，是一种毫厘争取、积少成多、勇于开拓的创新精神和百折不挠、善于变通、刻苦务实的实干精神。“鸡毛换糖文化”已经成为义乌重要的城市文化，有餐馆用“鸡毛换糖”作为部分名称来吸引顾客，义乌人也正在用这种精神文化激励下一代不忘吃苦，勇于创新。

改革开放的春风雨露全面激活了义乌人的这种文化基因，他们将传统的地域文化和商业精神与现代市场意识有机地结合起来，缔造了一个又一个商业神话，并以义乌人独有的敢闯敢拼、勤耕苦学、宽厚包容的文化特质，极大地推动和促进着义乌区域经济的健康、快速发展。这沉淀浓缩出义乌商人文化的精髓：会吃苦，能开拓，守诚信，重承诺，善经商，讲规范，具备团体合作精神。义商敢为

天下先，具有顽强的生存能力，敢于背井离乡去创业，创造了当今时代最好的工商文明之一。

在中国小商品城的发展过程中，文化始终起着十分重要的作用，“鸡毛换糖文化”深深影响着义乌人的经商理念，也推动着中国小商品城的发展。“鸡毛换糖文化”是生活在义乌的人们在长期从事“鸡毛换糖”的小商品生产实践中形成的具有特定内涵的区域性民间商业文化，本质上是一种精神文化。

货郎担

“百样生意挑两肩，一副糖担十八变，翻山过岭到处走，混过日子好过年。”这是旧时流行在义乌敲糖帮里的顺口溜，更体现出这个平凡群体生活的不易。红糖在敲糖帮的肩头已不单单是一种商品，更承载着义乌的文化和精神。“义乌的历史离不开红糖，也离不开鸡毛换糖。”

义乌人手摇拨浪鼓，走村串巷地做着“鸡毛换糖”的小生意，义乌才创造了从“一无所有”到“无中生有”，再到现在“无所不有”的奇迹。从某种意义来说，义乌农民善于利用本地资源义乌红糖，开发出糖饼，进行“鸡毛换糖”，这一颇具草根性和活力的经商传统，为当今义乌奇迹的呈现打下了坚实的基础。更有学者提出，小商品的源头在“鸡毛换糖”，“鸡毛换糖”的源头是义乌红糖；义乌红糖解放了义乌人民，成就了今天的义乌辉煌。

一块糖成就一座城。义乌能成为一座神奇的商贸城市，最早是从义乌老一辈敲糖帮群体开始史诗般的“鸡毛换糖”活动一步步演变而来的，义乌最具特色的地方特产红糖在义乌原始资本、经验积累的过程中起到了不可替代的作用，成就了义乌今天举世瞩目的地位。

秉承深厚的文化传统，弘扬独特的人文精神，发展具有时代特征的先进文化，这是义乌发展的不竭源泉。义乌深厚的文化底蕴孕育了“勤耕好学、刚正勇为”的义乌精神，形成了具有地区特色的“鸡毛换糖文化”，为义乌人的创业和义乌的改革发展提供了强大的精神动力和肥沃的文化土壤。义乌重视传承“鸡毛换糖”的经商传统，弘扬区域人文精神，培育具有时代内涵、义乌特点和现代市场经济特质的商贸文化，在全社会营造创业无止境、创新求发展的浓厚氛围，为经济社会发展提供了强大的精神动力。义乌红糖这一产业，在传承中弘扬，在弘扬中发展。

## 一、红糖节

2005年11月18日，为了保护和开发义乌红糖产业，弘扬红糖文化，推介义乌红糖产品，提高义乌红糖的知名度，让世界了解红糖，让红糖走向世界，由义乌市人民政府举办，市委宣传部、市农业局、义亭镇政府联合承办的首届义乌红糖节在义亭镇西楼村举行。连续举办九届，后因特殊原因停办。

第四届义乌红糖节开幕式

2015年11月10日，由义乌市科协、义乌市农合联、义亭镇政府联合主办的首届义乌市网上红糖文化节在义亭镇先田村举行。2016年11月8日，第二届义乌市网上红糖文化节在义亭镇西楼村举行。特色中国义乌馆和绿禾网在活动过程中现场直播榨糖过程和手工红糖制作，红糖、红糖麻花、麻糖等红糖食

第六届义乌红糖节开幕式

品线上秒杀和砍价活动也同步展开。市委、市政府十分重视红糖产业，把红糖节工作列为义乌市镇（街道）、机关单位2016年度重点工作。在义亭镇重点工作第三条中明确指出，“加快传统产业转型，强化义乌红糖地域品牌建设，举办第二届网络红糖文化节”，并在2016年4月5日的《义乌商报》第11版刊出。

摇响拨浪鼓，同圆中国梦。“夫源远者流长，根深者枝茂。”文化是城市之魂，也是城市核心竞争力的重要体现。文明博大、历史悠久的义乌，自古不乏众多的历史文化遗产，劳动人民用智慧和双手创造的灿烂文化，是我们生生不息的根和魂。只有珍视文化遗产，传承中华文明，我们才能把根留住，赢得未来。

首届义乌市网上红糖文化节

## 二、红糖文化论坛

2015年1月22日，“2015义乌红糖文化论坛”在佛堂古镇举行，主题为：推进文化建设，传承红糖文化。这次论坛由中国科普作家协会科普文化交流委员会、义乌佛堂文化旅游区管理委员会、义乌市老科技工作者协会主办，义红红糖文化艺术馆、义乌市科普作家协会、亚模文化传播、聚一堂协办。市政协、佛堂文化旅游区管委会、市农合联、市文联、中国科普作家协会科普文化交流委员会、市老科技工作者协会、市农技推广服务中心、义乌中学、市科普作家协会、市文化馆、市非遗中心、江南画院、聚一堂、义红果蔗研究所、《都市快报》《浙中新报》《义乌商报》、义乌电视台等有关单位领导和专家二十多人参加论坛活动。大家畅所欲言，为义乌红糖文化的保护、传承、弘扬、发展献计献策。

义红果蔗研究所所长吴德丰介绍了义红红糖艺术馆建设情况和下一步计划。该红糖艺术馆面积约400平方米，位于佛堂老街中街18号，前期投资60多万元，以雕塑、百子灯、农民画、剪纸等多种艺术形式展示义乌红糖古法制作技艺。艺术馆分古代制糖场景雕塑区（收获甘蔗、牛拉绞糖、熬制红糖、丰收回家四组雕塑）、制糖工具展示区、红糖历史介绍区、红糖文化艺术品展示区、多功能厅、养生糖水吧、红糖产品展示区七个功能区块。红糖文化艺术品展示区用百子灯、剪纸、农民画、油画、国画等艺术方式表现红糖文化。最具

2015义乌红糖文化论坛

亮点的是义乌红糖古代制糖技艺场景雕塑群。

中国科普作家协会科普文化交流委员会副主任、《话说义乌红糖》主编吴优赛作了“传承义乌红糖文化”主题发言。通过对义乌红糖战略发展机遇期、传承的有利条件和存在问题等方面的分析，提出了义乌红糖要充分发挥国家级非物质文化遗产代表性项目和农产品地理标志两张“金名片”的作用，做好政策创新、理念创新、制度创新、科技创新、产品创新、营销创新，在保护中传承，在弘扬中发展。

金华市国家现代服务业综合试点项目专家王建明说，义乌红糖文化包含了商业文化、历史文化、养生文化、民俗文化、农耕文化等多种文化元素，从某种意义上说是义乌悠久文化的延伸。可通过跨

界合作与创新促进义乌红糖产品转型换代，建议建设一个集种植加工、创意研发、展示博览、商贸服务、主题酒店（婚礼大院）、甜蜜乐园等功能区于一体的国际一流的义乌红糖主题之城，兼具公益性与产业化，融糖文化展示与休闲旅游、文化交流与产业研究于一体。

市农合联党委委员、市农技推广服务中心主任金宇生说，从农业的角度看，义乌红糖等主打农产品供不应求，有较大市场空间。要加强整合、提升、营销、包装和借力等工作，农旅结合，建立义乌江两岸"十里糖香"生产观光旅游区；加入时尚元素，提高产品附加值；做好戚家军和"鸡毛换糖"这篇文章，发挥新媒体作用；开发"红糖、火腿、南蜜枣、丹溪红"有机组合的"乌伤红·中国梦"系列产品。

市老科技工作者协会会长楼林禄深情地说，老科技工作者协会成立以来，着重对义乌红糖产业开展了调研活动，其调研成果得到市委、市政府的肯定，市委书记还专门作了批示。义乌红糖代表着家、代表着根、代表着童年，是一种真正的乡愁文化，是乡土文化的召唤。义乌红糖文化蕴含着义乌人民"勤耕好学"的精神，演变发展为"鸡毛换糖文化"，可以说是义乌现代市场文化的基本源头。

义乌市政协副主席刘峻对这次论坛给予充分肯定，认为这次论坛恰逢市委十三届八次全体（扩大）会议暨市政府第六次全体会议做出《关于加快推进文化建设、提升文化软实力的决定》之机，开得十分及时。他指出："义乌红糖制作技艺是我市首个国家级非遗项目，意义深远。"义乌红糖应当按跨界的文化产业或文创产业来做，是一个很有前途的产业。要厘清义乌红糖的历史，特别是戚家军与"鸡毛换糖"这段历史；义红红糖艺术馆还要加入更多元素（如货郎担、老照片等）；要整合资源，开发外埠基地；蔗田开发要与旅游结合，如在蔗田中间搭观景台、观光游道、木糖车雕塑等。同时，要重视高端产品开发、制定标准、改进工艺、打响品牌等。

此外，佛堂文化旅游区管委会主任吴军民介绍了佛堂旅游建设情况，市非遗中心办公室主任叶英立介绍了义乌红糖申遗历程，与会领导和专家还兴致勃勃地参观了义红红糖艺术馆。同时，还举行了《话说义乌红糖》的首发和赠书仪式。

## [贰]红糖故事

### 一、乾隆吃红糖的传说

清乾隆十九年（1754）阳春三月，义乌绣湖水波粼粼，沿岸桃红柳绿，宋塔临水矗立，风景如画。南门迎宾客栈门口红灯高悬，店内整洁高雅，店家满面笑容。此时，门外来了两位客官，一位是身材高大、龙眉凤目、满面红光的中年人，一位是英俊潇洒、眉清目秀、手脚麻利的小伙子。

"店家可有上好房间？"年轻人上前有礼貌地问道。

"有，客官里面请！"店家一边热情招呼，一边泡茶招待。接着

又道："请问二位客官高姓大名？府居哪里？做何买卖？"

年长者风趣地答道："吾姓高，名天赐，住京都，贩珠宝。"他也反问道，"店家开客栈只要赚钱，为何要问得如此详细呀？"

"客官有所不知，本县大老爷有令，为了全城百姓安宁，所有客栈、酒店、饭庄、茶楼均要明察暗访，严格提防盗贼流寇。"

客官点头道："该地县令还算尽职尽责。"

原来，这两位客官是乾隆皇帝和他的侍卫，乾隆皇帝出京微服私访，听说义乌有特产，专程赶来看稀罕。当夜，他们吃过晚餐，早早上床睡觉。不料半夜子时，乾隆突然喊叫肚痛。侍卫住在隔壁房间，听到动静，立马赶赴乾隆榻前，见乾隆疼痛难忍，怀疑店家使坏，抽出钢刀逼问："尔知吾等是珠宝客商，有意在饭菜中做手脚乎？"

店家大呼冤枉："谋财害命之事俺们从来不会做！"

"今天皇上出了问题，明天定将尔等千刀万剐！"

"啊！皇上？"

"哦，今天晚上出了问题，明天尔等就麻烦了。"

"客官你休要慌张，这种事情经常有的，我家的秘方很是灵验，药到病除，请放心！"

"休要花言巧语，快快献药上来！"侍卫急不可耐，暴跳如雷。

店家赶快下楼烧水，又拿出红糖和生姜，将生姜切成片，连同红糖一起放入瓷碗，冲上滚水，一碗红糖生姜汤端到乾隆面前："请客官趁热下肚。”

乾隆喝了这碗热红糖生姜汤，肚痛立止。

翌日，乾隆问店家：“昨晚吾肚痛难忍，喝了尔熬的汤药，肚子马上不痛，不知是何秘方？可传教否？”

“哎呀！客官见笑了。俺观你二人气色，路途劳顿，饱受风寒，肠胃受损。年轻人还好抵挡，年长者就易肚痛发作。俺用红糖加生姜泡汤，红糖生姜汤实乃暖肚健胃的好药方呀！”

“那红糖为何物？”

“客官有所不知，俺义乌有‘三宝’，红糖就是其中之一呀！”

“哪三样宝？吾是做生意的，也可助尔推销。”

店家不慌不忙地道：“义乌的三样宝是红糖、火腿、南蜜枣。”

乾隆决心打破砂锅问到底：“这个红糖是哪里来的？”

店家一一相告。

乾隆要实地探访，两人出县城往南而去，只见佛堂方向的田野上，糖农在细心地培育糖梗苗。走进村庄，乾隆又向老农打听红糖之事，老农见来者气度不凡、虚心好问，遂详细地介绍了佛堂糖农的种植经验：“当地种出的糖梗粗壮、糖水足，熬制的红糖又香又甜。”老农吧嗒吧嗒地抽了口旱烟，又说，“本地红糖的吃法还有一绝，叫‘花生配红糖，赛过老神仙’。”接着热情地让老伴拿出花生和红糖，请两人品尝。

乾隆按老农指点，剥开几颗生花生投入嘴中，又撮了点红糖与花生一起嚼。一股妙不可言的香味和滋味直透心脾，他吃得如痴如醉。乾隆在宫内吃遍山珍海味，想不到民间还有如此美味，不禁大喜。回宫后，他立即招来御医，向大家介绍义乌三宝的药用价值。

后来，乾隆又下旨将义乌的特产红糖、火腿、南蜜枣立为贡品，年年进贡。

（蒋英富）

**二、陈望道吃粽蘸“红糖”的故事**

1891年，在浙江义乌分水塘村里的一户农家，一个小男孩呱呱坠地，其父为其取名陈望道。陈望道的父亲陈君元是勤劳刻苦的地道农民，母亲张翠姐是勤俭聪慧的农家妇女。陈家人靠耕种几分山地维持生活，家境贫寒，但他们追求真理和梦想的信念十分强烈。他们寄希望于子女，自己勤耕辛织、省吃俭用，全力支持子女读书求学，殷切希望儿子读好书做好人，为劳苦大众寻求真理。

陈望道6岁入村私塾启蒙受教，后入绣湘书院等学堂读书。1915年初，陈望道东渡日本，就读于早稻田大学和中央大学，获取法学学士学位。1919年秋，他回到杭州，从此全身心地投入新文化运动中，进而在俄国十月革命的影响下，开始信仰马克思主义。

1920年，陈望道接受上海《星期评论》编辑李汉俊等人的委托，翻译《共产党宣言》。于是，陈望道回到故乡义乌家中的茅草房里，开始了为人类谋求真理的《共产党宣言》翻译工程。

当时，义乌盛产红糖，家家户户都种糖梗，过年过节时给小孩儿吃几节，收获的糖梗到木榨糖坊制红糖，以备家用。每家每户在制糖结束时，都会将熬糖锅洗干净，洗下来的水即糖度很高的糖油。

陈望道的母亲见儿子关起门来不分昼夜地翻阅资料埋头写字，人都累瘦了，十分心疼，便做了几个儿子喜欢吃的糯米粽子，外加一碟红糖（糖油），送到书桌前，催促儿子趁热快吃。

夜深人静，正是写作的大好时机，陈望道沉浸在《共产党宣言》的翻译当中，前面桌上放着刚磨好的一砚墨。他一会儿目不转睛地翻阅着日文版、英文版的《共产党宣言》，一会儿提笔疾书。后半夜，饥肠辘辘的陈望道才想起母亲为他剥好的粽子。他手不释卷，目不转睛，一心钻研文章，伸右手抓粽子蘸红糖吃，一边吃粽子，一边继续琢磨翻译内容。

东方发白，天已大亮。母亲在屋外喊道："道儿，该吃早饭了！"

陈望道回话道："妈，粽子还没吃完呢！"

"糖油甜不甜？若不甜，我再给你添一些红糖！"

儿子赶快回答："够甜，够甜的了！"

当母亲前来收拾碗筷时，竟见到儿子满嘴是墨汁，红糖却一点儿没动。原来是陈望道全身心地投入《共产党宣言》的翻译，全然不知自己在蘸着墨汁吃粽子，直至母亲前来才恍然大悟，于是母子

相对大笑不止。

接着，陈望道漱了口、洗好脸，母亲又将粽子热了热。粽子醮着红糖，香味四溢，陈望道吃得津津有味。

信仰味道比糖甜，经典故事传四方。

（蒋英富）

### 三、“糖公”的故事

清朝顺治年间（1644—1661）的一个除夕，义南燕里村的一户农家走出一位青年，手擎一副自己撰写的春联“思婺温带地，夺得利原归”，平平整整地贴在大门上。春联鲜艳夺目，内容深邃，隔壁邻居上前观看，众皆茫然，不知何解。

这位青年就是燕里村贾氏第五代孙贾惟承，长得英俊潇洒，一表人才。他从小聪明伶俐，吃苦耐劳，胸怀大志。小小年纪时，见父亲卧病在床，他端茶送水，问寒问暖，是远近闻名的孝子。长大后，他更是挑起家庭生活的重担，拜师学木工手艺，尊师苦学，学有所长。他见父亲久病不愈，请来郎中诊治，抓药熬汤，亲口尝药，其味大苦。孝子苦思冥想，寻思有何物可解。

一日，他在江边觅得几根竹节样、名叫野糖梗的植物，折而品之，有淡淡的甜味，大喜过望。此举刚好被一过路的闽粤客商看到，道：“此物有何稀罕，我家乡糖蔗其甜无比。”

言者无意，听者有心。贾惟承暗暗下决心要为家乡“寻宝”，春联之意正是他要完成伟大抱负的真实写照。

大年一过，贾惟承看着父亲病体有所好转，便安顿了妻儿，挑起木匠工具，一路打工，前往闽粤而去。经过几个月的艰苦跋涉、风餐露宿，这天，他终于来到了一个叫闽越的村庄附近，一眼望不到边的田野上尽是形似竹、叶如剑，随风摆动的糖蔗。贾惟承心潮澎湃，功夫不负有心人，他终于见到了梦寐以求的甜蜜植物，闻到了食糖香味。

贾惟承急于求成，放下木匠工具，就去向当地农户请教糖蔗种植和制糖技术。哪知当地百姓视糖蔗如命，因为那是他们的祖先冒着惊涛骇浪，舍命跨海从台湾引进的糖种。当地族规："种蔗制糖术，传子不传女。"贾惟承冒犯当地族规，族长大怒，赶其出村。漫漫黑夜，无处投身，他只得寄居破庙。

万般无奈之下，贾惟承只得重操旧业，走村串户，以其精湛的木工手艺承接当地农户的木工活，与他们将心换心交朋友。他慢慢地了解了一些种糖季节、收割时节等的大概情况。一晃过去了五年，贾惟承还是接触不到糖蔗栽培管理、榨糖、熬糖等关键技术。他心焦如焚，默默计谋对策。

当地老乡看贾惟承殷勤、老实、和气、手艺好，都愿与他交朋友。族人纷纷向族长请求，愿意招他为当地女婿。贾惟承想起家中的父母、妻儿，心情久久不能平静，总觉得良心有愧，暗暗垂泪。然

而，他想到自己的重要使命，要“夺得利原归”，别无他法，一咬牙，他答应了入赘为婿的亲事。从此，贾惟承作为当地的家庭人员，与蔗农同甘共苦、早出晚归栽种糖蔗。当地人均知贾惟承是位出色的木工，遇木榨糖车有故障，也请他参与修理。凭着他的天赋、热情，经过对榨糖的整个流程的细心研究，他还发明了“饲糖挂斗”，用在两个滚筒进糖梗的地方，方便了饲糖，增强了榨干率，提高了工效。

日月如梭，时光荏苒，又过了十年，贾惟承已年过五十，将蔗种带回义乌燕里老家之事时时在心。这日，他安排好家事，委婉地告诉妻女自己要出趟远门。临行前，暗地里去糖种堆里取出事先选好的几根良种，包好藏在雨伞里，趁机避开熟人，背上雨伞，悄悄踏上了回义乌燕里之路。

风雨无阻，艰难奔波，大年三十之夜，贾惟承回到义乌燕里，他急不可待地取出随身所带的一包红糖孝敬父母，哪知父亲已在五年前去世，他在父亲牌位前恸哭不止。乡亲们得知销声匿迹十五年的贾惟承突然回村，大喜过望，纷纷前来看他。贾惟承拿出红糖招待大家，又一五一十地向乡亲们介绍糖蔗栽培和制糖经过。

翌年开春，贾惟承从土堆里取出糖蔗种，断节后进行育苗，初夏移苗栽培，秋季精心管理，他看着茁壮成长的糖蔗，一时高兴，用义乌方言为其取名为“糖梗”。入冬后，贾惟承将收获的这几捆糖梗全部留种。在这期间，贾惟承又到山上物色木料，凭着记忆，发挥自己的木工手艺，打造木榨糖车。

历经二十年的风风雨雨，燕里村家家户户种上了糖梗。入冬，田野上一片繁忙景象，榨糖作坊内牛牵引的木榨糖车嘎嘎转动，糖水汩汩流入缸内，糖灶炉火正烈，糖锅内红糖飘香。

康熙庚戌年（1670）十月，为糖的事业操劳一生的贾惟承与世长辞，人们不忘他的丰功伟绩，称他为“糖公”，并在燕里村西建了一座糖公庙，早晚香火不断。

（蒋英富）

## [叁] 红糖的诗词与谚语

### 一、诗词

#### （一）绞糖

金秋已逝到冬至，乌伤糖蔗正熟时；

男女老少四更起，抢收糖蔗争朝夕；

村村糖车日夜转，浓浓糖香飘大地；

寒风难敌心头暖，一年辛苦甜心脾。

（杨达寿）

#### （二）贺义乌红糖文化论坛

微信捎来故乡义乌佛堂红糖文化论坛的喜讯，诗情宛若漫天的粉蝶涌舞，夜不能寐，终得小诗并遥传吴优赛文友代贺论坛。

《绞糖》（王春平）

微名大义全球通，四传佳音似鹄鸿；

千年古镇添异彩，三友斗寒迎精英。

八方能人齐献计，乌伤后人大旗擎；

振兴红糖高筑梦，只争分秒重走红！

——于美国俄亥俄州五大湖南畔

（杨达寿）

**（三）义乌红糖**

春犁畦壤沐初阳，

夏湿青衫汗渍香。

秋日风迎翻碧玉，

冬藏甜梦入糖乡。

（王华忠）

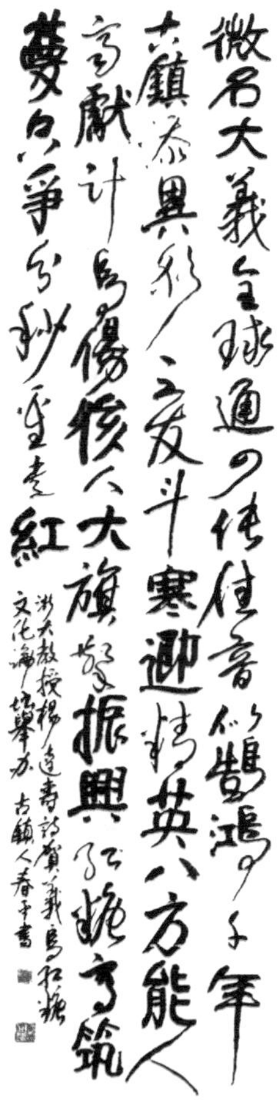

微名大義全球通，傳佳音似鵲鴻，千年古鎮添異彩，人文斗寒迎精英，八方能人高獻計，烏傷後人大旗擎，振興紅糖高築夢，只爭分秒重書紅

浙大教授楊達壽詩賀義烏紅糖文化論壇舉辦 古鎮人春平書

《贺义乌红糖文化论坛》（王春平）

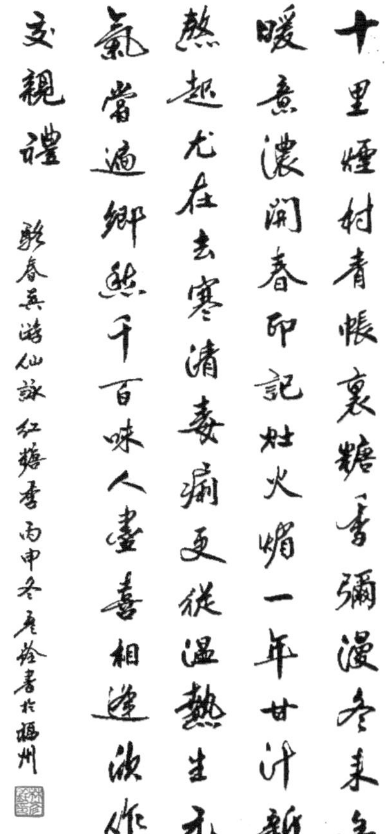

十里煙村青帳裏，糖香彌漫冬來無暖意濃鬧春印記灶火焰，一年甘汁新熬起，尤在去寒清毒痢，更從溫熱生元氣，嘗遍鄉愁千百味，人盡喜相逢，滋作友親禮

彩春兵游仙詠紅糖季 丙申冬彥銓書於福州

《红糖季》（林彦铨）

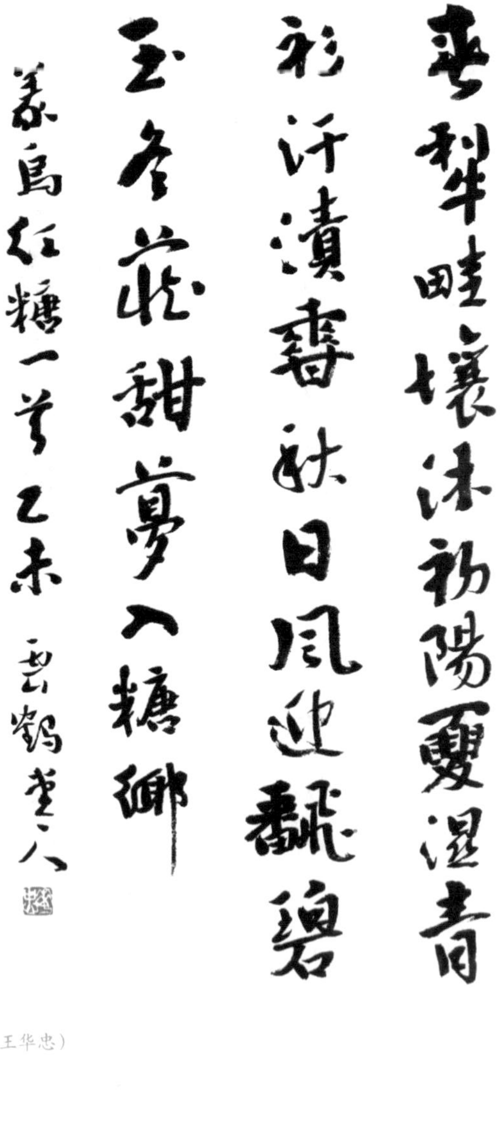

春犁畦壤沐初陽
夏濕青衫汗漬霜
秋日風迎甑碧玉
冬蔗甜夢入糖鄉

義烏紅糖一首 乙未 雲鶴道人

《义乌红糖》（王华忠）

**（四）游仙咏·红糖季**

十里烟村青帐里，

糖香弥漫冬来矣。

暖意浓开春印记，

灶火媚，

一年甘汁新熬起。

尤在去寒清毒痢，

更从温热生元气。

尝遍乡愁千百味，

人尽喜，

相逢欣作交亲礼。

（骆春英）

## 二、谚语

谚语是民间集体创作、广为流传、言简意赅并较为定性的艺术语句，是民众的丰富智慧和普遍经验的规律性总结。恰当地运用谚语可使语言活泼风趣，增强文章的表现力。义乌人民在种蔗制糖的过程中也总结出一些种蔗制糖谚语，对种蔗制糖有较大的指导作用。

经查阅《品味义亭》《佛堂古镇的民风民俗》等资料和网络征

集，现收集归纳部分与糖相关的谚语，记录如下。

**（一）四季农时谚语**

1.春季

惊蛰未到打天雷，糖梗要抽蓬里剑。

惊蛰回暖打天雷，糖梗开蓬育糖栽（糖苗）。

谷雨断霜，好卖（买）糖梗秧。

谷雨过后麦抽头，套栽糖秧麦地头。

种密又种稀（密株宽行），种深又种浅（深沟浅覆土），浇多又浇少（多次少量）。

栽糖苗先开垦，既要浅来又要深。（这是糖农对栽种糖蔗的技术要求，大意是：栽种糖蔗苗，先挖一个碗口大的洞，挖洞也叫开垦；要浅，就是不能埋土过厚，以利糖苗分蘖抽芽；要深，就是应将糖苗栽入碗形的垦洞内，以避免施肥时肥水流失。）

2.夏季

芒种夏至麦收净，糖梗地里忙出垦。（麦收后就得抓紧为糖苗除草、施肥。）

入霉糖苗发剑（芽）秧，杂草与糖比快长，不除杂草剑不粗，下地除草怕肥刺。

霉天糖梗地，头件怕肥刺。（“肥刺”是一种肉眼看不到的虫子，被叮会非常痒，出现红肿、喉咙痒等症状。）

小暑大暑太阳狠，坨糖梗忙得汗淋淋，糖叶划破满脸痕，汗水一腌红庭庭，既痒又痛实难忍。

坨糖地里高气温，容易将人痧气闷，一病三天不还魂，糖农的辛苦谁知情。（这个时候天气最热，糖蔗正好一人高，风吹不进，叶子对着脸，所以糖叶容易划破脸，又容易痧气闷。）

糖梗地像口大粪缸，坨糖用料多不嫌。（糖梗用肥料不嫌多，义乌“鸡毛换糖”来的鸡毛很大部分是用在坨糖梗里，鸡毛和人粪尿拌起来肥效特别好。）

糖梗吃白豆，红糖节节流。（炒熟的白豆用在糖蔗根部，据说，用过白豆的糖蔗含糖量特别高。）

垦里用一把，垦外要一担。

3.秋季

糖梗入秋不要料，只要泥湿有水淌。

秋旱糖梗水如油，要想糖梗就难怕大汗流。

过了七月半，糖梗甜了二节半。（农历七月半后，气候适宜，糖梗生长最快，昼夜温差较大，有利于糖分的积累。）

八月毛雨赛，糖梗日长夜大来。

八月中秋，糖梗上口。（意思是糖梗可以吃了。）

秋风盛，糖梗甜。

十月糖梗甜到心，城乡处处红糖香。

寒露前后留糖种，霜降留种要冻红。

4.冬季

有糖无糖，立冬绞糖。

糖梗立冬开始收，糖农起冻落雪糖车铺里抖。

赤膊糖梗冻最怕，冻过的糖梗红糖是斧头剖。（经过冰冻的糖蔗制出的红糖质量很差。斧头剖是一种无法制成细黄色的质量极差的红糖，既黑又韧、味带苦。）

种糖有钱有划算，一年辛苦忘记完。（糖农卖糖后，一计算，经济效益要比种粮好，这时糖农就会将一年种糖的辛苦也忘掉。）

种糖如种宝，有吃又有烧。（糖水煎糖，糖梗渣又是农妇烧饭的好柴草，因此农妇称种糖如种宝。）

5.四季歌

廿三都的燕里村，那里尽产“义乌青”（红糖）；

燕里的红糖虽香甜，种蔗的农活四季忙；

尤其到了入冬后，榨糖的农活苦连天；

天寒地冻披除糖叶，划破脸面和手脚；

男女老少全家忙，一日三餐吃冷饭；

糖车铺里虽热闹，不分日夜和通宵；

牛拉糖车绕圈走，绞出的糖水冰上流；

饲糖接糖人，冻得直发抖；

烧糖做糖人，热得大汗流；

燕里出糖名气虽然好，有谁知道甜味当中有苦头。

（一首流传了数百年的民谣，道出了燕里糖农种蔗制糖的情景。）

**（二）综合谚语**

一拜天；二拜地；三拜那土地；四拜有个红六赤日好天气；五拜糖车转得快；六拜灶孔灵，省柴又省力；七拜出糖高；八拜砂糖好比金沙泥；九拜砂糖价钿卖得好；十拜万事称心亦如意！（《绞糖歌》）

斧头剖，咬上口，黏掉牙；细砂糖，堆在桌上它会爬，吃在口中香又甜，不用牙齿也会烊。（糖农对红糖好坏的对比。）

白露来，糖梗甜，喝口甜水笑开颜；立冬到，红糖香，吃块红糖入梦乡。

义乌红糖四百年，而今越来越新鲜；政府支持第一条，和谐社会添香甜。

男人不可三日不读书，女人不可一日无红糖。

花生配红糖，赛过头婚郎。（红糖的特殊吃法，把花生剥开，用壳当勺，舀一些红糖与没有炒过的花生同嚼，味道像核桃，又香又甜，像新婚夫妇度蜜月一样甜蜜。）

落花生配砂糖，胜过大小娘嫁新郎。（佛堂一带谚语，砂糖，红糖也；大小娘，即未婚女子。）

落花生配砂糖，赛过姑娘下婚床。

新糖配花生，糖油切年糖。

千村牛车转，十里糖香飘。

货郎当年四海闯，糖换鸡毛本镇创；贵客如今五洲来，义乌红糖今更香。

一担红糖，换十担谷。

糖梗甜，种了糖梗喝米汤；红糖香，收了砂糖饿断肠。

义乌红糖出燕里。

冬季乡村红糖香，“甜蜜经济”富农家。

## [肆] 其他与红糖有关的文学艺术作品

在义乌，对一些上了年纪的人来说，红糖是最难以忘怀的。小时候生病胃口不好时，母亲会煮一碗红糖水，说喝了病就好了；家里有人坐月子，红糖核桃卧蛋羹是艰苦岁月里唯一的滋补品；读书长进了，考出了好成绩，家人往往也煮红糖水作为奖励；走亲访友，红糖更是带着浓郁乡土生活气息的必不可少的礼物……那时候的人家，谁家不备一袋红糖呢。嘴馋的小孩子总是受不了红糖味的诱惑，常常循着那种甜味四处寻找。

红糖，穿越蹉跎岁月，融入人间亲情。尽管历史在变迁演绎，但在义乌人的记忆中，儿时舌尖上那种舔红糖的滋味终是历久弥新，成为生命中最本真的甜蜜记忆。

红糖文化主要表现在政治、经济、哲学、文化以及社会生活的各个方面。红糖与历史、文化、民俗，与战争、政策、古今名人，与农业、工业、旅游业，与人名、地名、日常生活等都有着千丝万缕的联系，处处都留下了红糖文化的印记。

## 一、文学作品

### （一）义乌红糖赋

时维十月，节在立冬。义亭乡野，青帐葱茏。蔗林广兮，剑叶犹凝晓露；糖香漫兮，烟村尽沐甘风。近则锣鼓齐喧，狮龙共舞，履衫摩接，水泄不通。路人指曰，乃西楼红糖节也。

红糖者，乃古邑之瑰宝也，曰义乌青；得水土之涵养兮，熬汁为晶。性温润而元气固兮，味甘甜而瘀毒清。故为走亲之礼，爰添访

《义乌红糖赋》（陶建明）

旧之情。冲寒一碗姜汤，清香萦于村舍；换岁万户年糖，喜气延至春耕。始制姜糖，零敲碎打而赢天下；广换鸡毛，容山纳海而创商城。

呜呼，人唯品味其芬芳，谁解经营之风霜。忆惟承之游闽粤兮，研工艺之真章。清季始引蔗苗兮，民国而盛锋芒。屡易规模，几历踉跄。春播冬收，积梗如墙。伐木而为机杼兮，引牛而绞汁浆。钌蒿为柴兮，架锅熬糖。人挥汗雨，鼎沸玄黄。浅撩深搅，漫兑轻扬。糖梗就锅，儿童争食；麻花滚槽，翁媪初尝。顷俄细沙含雾，琥珀生光。肩扛车载，斗盛箩装。陆输水运，集散于佛堂。拼一年之辛苦，换一家之米粮。乃誉起于西博，久风靡于沪杭。

红糖节者，乃盛世之时尚也。借文化而荣产业，扬民俗而活经济。襄西乡之盛会，郁年关之佳气。歌以咏之，斯情难已！诗曰：冬来蔗汁炼红糖，曾换鸡毛走四方；旧俗重看新局面，清风送入梦中香。

（楼立剑）

**（二）十月糖蔗甜到心**

对于如今年过四旬的义乌人来说，糖梗犹如一首优美的民谣，有着用岁月谱写的动人旋律。

在义乌，糖蔗种植和红糖加工已有三百五十余年历史。而对我而言，糖梗折射着我成长过程中的一些生活片段。

孩提时候的蔗林，不但充满着抓黄鼠狼的快乐，也隐藏着我对狼叼小孩儿传闻的恐惧。每年3月左右，两位哥哥就在地里忙开了，先把一丘地整出条状的垄，再在垄沿两边用锄头开出浅浅的坑道，用以埋糖种。两三节见长的糖种栽下后并非均能长苗成活，所以要及时补垦，还要用敌敌畏防虫害。等糖梗长到60—70厘米高，就可以“摞”糖梗了。“摞”糖梗得先把糖梗叶轻轻地打成“辫子”，再把垄一分为二，将土培高，打理成下宽上尖的三角形，最后松开“辫子”。这样既有利于灌溉，又有利于充分接受日照吸收养分，也可以增强抵御台风和雨水侵袭的能力。而今，我每次吃糖梗，脑际还会浮现出哥哥们被汗水湿透的厚制服，以及衣背结满“地图”（盐渍）的“摞”糖梗景象。因此，即使吃到再不甜的糖梗，我也从来不敢浪费。

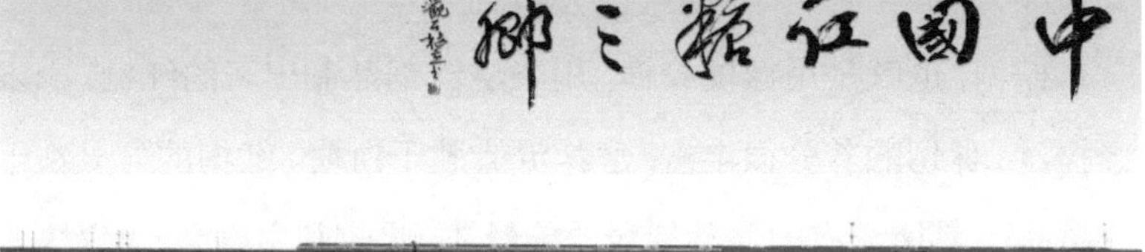

中国红糖之乡

当年，除了生产队，几乎家家户户的自留地上都种有糖梗。那时候，路两旁都是茂密的蔗林。“八月中秋，糖梗可偷偷。”中秋时节，糖梗已初长成。为了防盗，蔗林外围必须用稻草绳和糖梗叶紧紧捆牢。一旦有盗糖梗者被抓，即使是顺手“弄”根糖梗尝尝，也是要被罚放电影的，邻村的人都会赶过去看。因此，尽管我和伙伴们经常出没于生产队的蔗林抓“特务”或找那些野生的梨瓜和西瓜吃，却从来不曾染指糖梗。

或许，对于当年的无数人来说，糖梗就是最可口的“零食”了。那些年，它还曾是我的“保健品”。从小学到高中，糖梗长成的季节，我在中饭之后总要跑到地里拔糖梗，然后一边吃一边赶去上学。所以，等糖梗开榨时，我已长得又白又胖，隔壁婶子笑称我为“王公子”。

榨糖，也就是用糖梗绞糖。用柴烧铁锅熬制出来的红糖，因未经提纯，保留的养分很丰富，营养价值胜于白糖。红糖的好处在于“温补”，其所含有的葡萄糖释放能量快，吸收利用率高，可以快速补充体力。尽管过去物质生活贫乏，但在我看来，新糖配花生、糖油切年糖等这些朴素的生活点滴，竟是那么令人惬意和容易满足。如今每每想起这些，仍像这十月的糖蔗，一直甜到心坎上。

（王卫平）

### （三）糖香远去

多年来，我一直想好好去拍摄农民收获糖蔗、土法榨制红糖的情景，却忙得一直没有机会，错失时机。今年终于成行。俗话说，霜风寒，好绞糖。农历十月下旬的一天，我约了好友吴广巨先生一起去义亭镇西楼村采风。

车行途中，只见公路两旁工业开发区拔地而起，铲车、卡车、推土机络绎不绝，尘土飞扬，大片良田化为工地，已难见昔日农村白墙青瓦小桥流水的幽境，更难以寻觅那片连绵数十里的高大蔗林的影子了。

出了王阡，望着西楼，也只见：蔗田，稀稀拉拉凑不成片；烟囱，错错落落多不冒烟。更闻不到过去在榨糖季节风送十里的阵阵糖香。我的心中顿时生出一丝惆怅和失望：莫不是今年又要空跑一趟？

红糖、火腿、南蜜枣，自古义乌三件宝。义乌是个古老的产糖区，“义乌青”红糖闻名全国。据《中国土特产总览》记载，义乌从明朝末叶就开始种蔗制糖，至今已有三百七十多年历史。中华人民共和国成立初期，最盛时蔗田面积达三万余亩，占全省甘蔗种植面积的六分之一。几百年来，在义乌农村，金秋时节是最美丽的季节：金黄的稻谷如云锦彩霞，翠绿的蔗田在轻歌曼舞，千姿百态的乌桕树穿戴着红黄橙紫的秋季盛装穿插在稻田蔗林之间，那种美丽是无与伦比的，既有旅游地的神奇，又多了一份人间烟火和民俗风情。

金秋季节，正是农民们最忙碌也最甜蜜的季节。既要收获今年的喜悦，播下来年的希望，又要砍蔗榨糖，经历一年的劳苦，换来收获的甘甜。这时，在农村，你若登高远望，便能“喜看稻菽千重浪，遍地烟囱冒轻烟”。在那绵亘百里的蔗林里，前前后后每隔数里就有土制糖厂。据统计，中华人民共和国成立初，义乌的土糖车就有四百七十余架。这种土糖车是两个圆形的木制的“巨无霸”。古老的糖车立在一块空地中间，糖车上方伸出八米左右长的一根木制车臂。两条大水牛气喘吁吁地拉动车臂绕着糖车转圈。两个圆柱以相反方向转动，人们把已剥叶削根的糖梗一把一把插进两个转动的圆柱之间，绞出糖水。所以，当地农民不把这个过程叫榨糖，而称绞糖。空地旁边有熬糖的糖灶，高高低低的糖梗堆、柴垛，还有一排茅草棚，供牛和人栖息之用。靠近糖厂，就会闻到一股浓烈的糖香、烟味和牛粪气息。一到夜间，糖厂灶间忽闪的红光远远近近明明灭灭，糖车转动传来的声响叽叽嘎嘎隐隐约约，弥漫在空中的糖香和烟味时浓时淡时断时续，真是别有一番独特的风情。

想着想着，来到西楼村口。哈，来得早不如来得巧。就在村口，有一批农民正在收获糖蔗，有的掰叶有的削根，好一个忙碌抢收的美景。我们赶紧停下车，取出相机，开始拍照。农民们发现了我们，都停下手中的活，喜笑颜开地问我们：“客人哪里来的？”

“我们是采访的。”

这时走过来一位五十开外，头发灰白，满脸皱纹，一身泥巴的老农，他眨巴着一双细眼高兴地说：“欢迎，欢迎。古话说：客人是条龙，不来要受穷。龙来有雨，凤来有珠，客人来了有生意。”

我望着他那一口参差不齐的牙齿和灰白的胡髭，纠正他说：“同年哥，我们不是做生意的，是来采访的。”

“哈，采访好，我们是只怕干部下乡，不怕记者采访。只怕前呼后拥，不怕采访追踪。”

看来我们今天运气好，遇上了一位满腹经纶满口珠玑的智者。我赶忙递去一支烟，他伸出沾着泥巴的手接过去，一看，喜滋滋地说：“还是中华牌！”

然后，他把烟夹在耳朵后，弯腰拿起一根糖梗递给我：“老弟，吃根糖梗。”

大家又忙着干活去了，吴广巨也忙着拍照，只有我和老汉仍在闲聊：“老哥，今年年成好吧？”

“唉！”他重重地叹了口气，脸上的笑容不见了，取而代之的是忧愁和悲凉。

“种田苦啊，种谷一熟，种蔗一年。种种一畈，绞绞一担。你想想，一担红糖辛苦钿，还买不来一张足球比赛门票！一元一斤米，两元一斤糖，一生一世田里忙，不及半个生意摊。”

“嗯，嗯。”我不知所措地应着，似乎是赞同，似乎又是安慰。

谷贱伤农，糖贱也伤农。俗话说：树怕剥皮，人怕伤心。看着老农那个伤心样，我也寒了心："是的，红糖的价格是太低了，要是有四元五元一斤的话……"未等我说完，老汉就接过话头："哪用四元五元，只要三元一斤就够了。只要红糖提个价，明年糖梗满田畈。不信，你明年来看！"

"唉！"这回轮到我叹气了。提个价，这可不是开玩笑的事，我又不是物价部门的决策人。现在是市场经济，就是决策人也不能说了算。那根物价的秤杆低落高扬，由一个无形的市场规律的秤锤来决策。

拍完照，我们该走了，农民们又说又笑地欢送我们："今天夜里电视里就可以看见自己了。""明天报纸上就会有你的尊相了。""为我们做个广告吧，宣传宣传吧！"

"好，好。"我们嘴上应着，脸上笑着，心里却在打着寒噤：我们一定会使他们失望的。

知道我们还要去榨糖厂拍摄，老汉主动地提出陪我们一起去。榨糖厂就在村头，一袋烟工夫就到了。

那里有两个糖灶，相隔不到五十米。有两幢红砖砌起的厂房，两个红砖砌起的烟囱。烟囱口吐着青烟，厂房顶冒着白气。厂房四周是堆得高高低低的糖梗堆和柴堆，还有大片大片青绿夹紫的糖蔗田。厂里传来拖拉机的轰鸣声，榨糖机的转动声，糖农们的笑语声。哦，这才是我日思夜想的温馨的梦境！虽然少了糖车的叽嘎声响，少了牛粪的温热气息，但多了榨糖机的轰鸣声，铁牛的浓烈柴油味。这种混杂着糖香、油臭、汗气、烟味的气息直冲进我的鼻中，沁入心肺，是那么亲切，那么温馨，大大胜过品味龙井茶、饱尝肯德基的风味。

当我们走进烟气腾腾的糖厂后，带路的老汉高声介绍："报社记者来采访了！"厂里厂外一片欢呼，一张张灰蒙蒙汗涔涔的脸上都露出了灿烂的笑容。不知是哪一个大声说道："这下，我们有希望了！昨天刚去了杭州来采访的电视台记者，今天又来了报社记者采访。看来上头已经看上我们了。"

又是希望！我心头咯噔一下，涌出一股难言的苦涩。我赶紧瞅准机会与他们递烟聊天。一位手提铁勺在九星糖灶里搅糖的大汉对我说："老兄，世上三百六十行，你不要来提这只讨饭篮。"

另一位挥动铁铲在糖槽上制作成品糖的中年汉子笑着对我说："来，尝尝这红糖，多甜，多酥，多香，绝对一流的。"

我用手抓了一点那金黄色的新糖，放进嘴中品尝，果然名不虚传，这是真正的"义乌青"特色品牌！然而，就在同时，又有人在耳旁絮语："含在嘴里甜蜜蜜，品在心上苦兮兮。"

我想一定又是那位带路老汉在感叹。欢乐和忧虑是那么不可分割，那么紧紧相随。忧愁，就像影子一样无法驱开。

在田头地角，在厂里厂外，我们拍照，我们对话，我们品尝，我们观察，我们赞美，我们叹息，不知不觉过了几个小时，我们沉浸在这独特的土里土气的风俗民情之中，忘了饥饿，忘了疲劳。直到日头转西，时近傍晚，我们才依依不舍地与糖农告别。一路上我们都为今日采访的成功而兴奋，也为义乌糖业的衰败而感叹。再过几年、十几年，也许再也见不到这种受人冷遇的土制糖厂，再也闻不到那股令人魂迷心醉的渐行渐远的糖香！

糖香远去，它渐渐地飘进历史。

于是呼吁：留住糖香，留住特色！

留得住吗？苏公有词，千古绝唱："大江东去，浪淘尽，千古风流人物。"恕我不敬，把"人物"改为"事物"，也同样可感可叹。二十多年来，中国国门大开，国力日强，可谓是太平盛世。然而，自加入世贸组织以来，经济全球化步伐日益加快，西风猛进，国粹日衰，也不得不考虑如何留住和发扬我国几千年文明的传统精粹，不得不考虑如何来保护我们一个国家、一个地区的特色经济、特色文化。如果全盘西化，那谈何"中国特色"呢？

有的农民说：富城市都学美利坚，穷山村只盼联合国。这话不无道理。首先，在一些首先富裕起来的城市，人们在城市规划、经济开发、文化倾向和消费观念上都越来越与美国等发达国家看齐，许多人都忘记了还有中国特色、中国文化、中国历史。而在一些风景优美的穷乡僻地，那些老实巴交的农民都盼望着有一天联合国会垂顾他们，开发出一个又一个的什么遗产。这样一来，依靠旅游就可致富。远的有平遥古城、丽江古城，近的有乌镇、周庄，都在走这条捷径。

特色经济和特色文化是一根藤上的两只瓜，你甜我也甜，你苦我也苦。对于它们，不识货的以为是根草，识货的认为是个宝。我们如何来利用特色经济和特色文化发财致富，奔向全面小康，是值得深思的问题。千万不能把脱贫致富演得像台戏，闹在台上，唱在嘴里。

采风归来当晚，我做了一个梦。梦中一群青年人由老师带着参观博物馆，当他们来到一个专门介绍古代人种蔗制糖的发明创造专栏前时，看着那被有幸保存并输入多媒体屏幕的土制糖厂照片，他们百思不得其解，照片上的人们在干什么？一位姑娘忍不住问那带队的老师："老师，这些人在干什么？"

"在制糖。"

"真奇怪，他们怎么这样制糖？怎么不用机器？"

"那、那几个丑八怪也许就是机器。"老师指着那几辆拖拉机，还有那几个冒烟的烟囱，含混地说。

"哈哈哈……"一阵哄笑，那机器还会冒烟，还有轮子样的东西，真是丑八怪，难看极了！

"笑什么？"老师以为学生们在笑自己，自尊心受到伤害，嗔怒地喊道，"那是近百年前的机器，古代人就是用这种冒烟的机器制糖的。亏你们还是糖农的后代，那屏幕上的人就是你们的老祖宗，太太公！”

大家都静下来了。只有一个小伙子不服气：“我们的老祖宗都能乘飞船上天了，怎么还会这么笨？”他说着用鼻子狠狠吸了几下从屏幕中散发出的糖香和烟味，“这气味可真香！”

是的，这糖香是这样让人醉迷，但它已飘进了历史，还会飘进未来吗？

（朱亦秋）

**（四）榨糖图**

初冬的夜晚，呼啸的北风砭人肌骨，使人禁不住地打寒噤。夜幕沉沉，笼罩着整个大地。只在远处有几点闪动的红光，把幽黑的夜幕撕开了几个小口。我知道，那红光闪烁处，就是一个个土式制糖厂。在东江两岸几十里长的甘蔗林中，这种糖厂就有四百多个。

我向红光走去，近了，近了，红光越来越大，已经看见了红光中升腾的蒸气，闻到了那股令人心醉的糖香，也听见了那古式糖车发出的沉重的叽叽嘎嘎的声响。

终于，我走进了红光照耀的那个地段，也不过两三亩地大小的一块地方。这就是一个露天舞台，正在上演一出已经演了几百年的历史悲喜剧。

糖灶一般都建在田中。在田中挖一个大洞，砌一个安有四口大锅和一个烧火口的大灶，烧火口一般低于地平面，朝南。灶背是一个约五米高的烟囱。糖灶上方用几根粗大的杉木支撑成一个大三角形的木棚，棚顶铺上竹编的地垫，再绑上绳索、压上砖石。北侧封得严严实实，南侧向着烧火口处完全敞露。糖灶两侧是两个糖槽，槽中放着刀、铲、勺等熬糖工具。北侧则是一些辅助用具。就在这简陋而粗犷的糖灶上，要完成土制红糖的最后一道工序，凭着智慧和经验制作出闻名全省的特色品牌——“义乌青”红糖。

糖灶的前方，是一架巨大沉重的木制土糖车。那是两个并排屹立的直径在一米以上的大圆柱，下方托着一块更大的厚木板，上方盖着一块同样巨大的厚木板。在上方木板的中间，其中一个圆柱伸出榫头，套上一根弯曲的巨大的大约有八到十米长的原木。总之，这个“巨无霸”给人的印象就是两个字：沉重。

弯曲的长辕由两条套上牛轭的大水牛带动。大水牛迈着沉重的脚步打圈，再带动大圆柱旋转起来，发出十分沉重的叽叽嘎嘎声。有人把已经掰叶削根的糖梗一把把塞进两个圆柱间，圆柱转动着把糖梗绞扁了、绞碎了，糖水如注，沿着木槽流进了预先埋设在旁边的大缸中。有人用水桶把糖水挑进糖灶，倒进铁锅。有人烧火，炉火闪闪，映红了烧火人的脸。蒸气喷发，弥漫了整个糖灶。在烟雾弥漫中，有两位制糖师傅在挥勺操作。制糖工序一个接着一个，制糖人家

也一户接着一户。歇人不歇灶，歇牛不歇车。

我不厌其烦地看过糖灶看糖车，然后再浏览了整个舞台。糖灶边是一排低矮的草棚，里面住着人和牛。糖车四周是高高低低的糖梗堆、柴草堆。糖梗堆上面都盖着保暖防冻的稻草，稻草上积着一层如雪的白霜，在月色中发着肃杀的寒光。空气中弥漫着甜蜜的糖香，辛辣的烟味，还有臭烘烘的牛粪气息。

我注意到，在那彻夜长熬忙碌不停的农民当中，有一个十来岁的小孩儿，蜷缩着身子，瑟瑟发抖地赶着两头大水牛，双脚沾满了牛粪。我细细察看他的样子，惊奇地发现，他就是我。我又注意到，在古式糖车边，蹲着一个穿着破棉袄，两手冻得红肿，缩头缩脑地在接着从圆柱中穿过的糖梗渣，把它们收拾起来的男孩，大约也是十来岁，那也是我。还有，在草棚中间把甘蔗头、玉米秸往牛嘴里送，甚至是往里塞的小男孩，那也是我。我发现，他们都冻得发抖，脸上都没有笑容，只有麻木和疲态。只有一个小孩儿，就是在糖灶里捞糖垢吃、在糖槽边挖红糖吃的那个，脸上挂着笑容，那个小孩儿也是我。

我的父亲是熬糖师傅，他不仅为自家熬糖，更多的是为人家熬糖，熬一天糖的报酬就是几斤红糖，同时供应饮食。所以，我也常常去帮人家熬糖，比起其他的孩子，我在糖灶和牛棚中度过的时间要多得多。

岁月流逝，土糖车已经绝迹，甘蔗田也越来越少，糖香已经飘远。我也已经分辨不清，过去那熬糖的日子是苦是甜。我只觉得那熬糖的日子，对我一个十岁的孩子来说，就像那架巨大的古式绞糖车一样，只有两个字可以形容，那就是“沉重”。

（朱亦秋）

## 二、艺术作品

《鸡毛换糖》（木雕，万少君）

《制造红糖写景》(叶熙春)

《牛力绞榨糖》(木雕，万少君)

《木糖车绞糖》（朱巧珍）

《拨浪鼓响》（剪纸，王海燕）

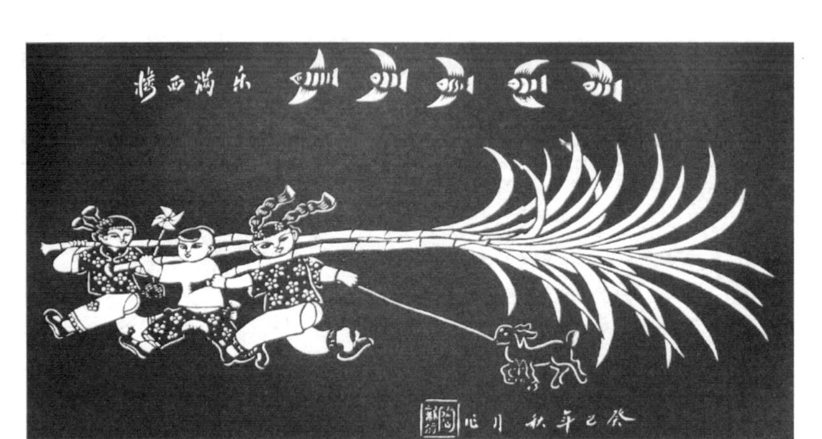

《乐满西楼》(剪纸，陶新行)

《切麻糖》(壁画)

《木车绞糖》（壁画）

《鸡毛换糖》（壁画）

《落花生配红糖》（壁画）

《绞糖》（壁画）

《敲糖》（壁画）

《切麻糖》（壁画）

《鸡毛换糖》（壁画）

《义乌红糖加工》(壁画)

《木糖车》(壁画)

《榨糖时节》(朱亦秋)

《糖香时节》(朱亦秋)

《红土绿野》(朱亦秋)

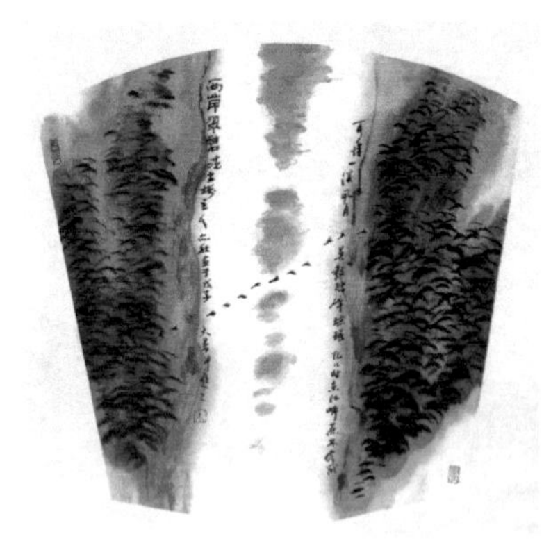

《两岸翠碧》(朱亦秋)

《糖乡》(朱亦秋)

《木糖车》（稻草人）

《鸡毛换糖》（稻草人）

《红糖飘香》（谢高华）

《扶犁深耕》（张枝勇）

# 五、义乌红糖制作技艺的传承与保护

义乌红糖产业由盛及衰，传统产品濒临绝迹，引起了各级部门的关注。鉴于此，义乌市政府采取了组织调查研究、制定政策、资料建档等措施，对糖蔗种植和包括木车牛力绞糖在内的红糖加工制作方式开展调查，对木车牛力绞糖给予重点保护和扶持等，在有效保护传统技艺的同时，寻求传统技艺与现代科技的结合。

# 五、义乌红糖制作技艺的传承与保护

## [壹]传承谱系与代表性传承人

### 一、传承谱系

以下义乌红糖制作技艺的传承谱系以近代义亭镇西楼村为例，皆以师徒方式传承技艺。

#### (一)第一代传人

楼益和，生卒年月不详，学艺时间不详。

楼玉琨，生卒年月不详，学艺时间不详。

楼和寅，生卒年月不详，学艺时间不详。

楼玉琴，生卒年月不详，学艺时间不详。

#### (二)第二代传人(以下标注时间均为出生年月)

傅得青，1920年8月。

楼和清，1922年9月。

傅兵秋，1925年6月。

傅得金，1927年1月。

楼光其，1929年4月。

楼荣海，1931年9月。

傅得水，1931年10月。

### （三）第三代传人

楼玉相，1935年11月。

楼光式，1936年8月。

傅得喜，1938年8月。

楼光洪，1939年9月。

楼光荣，1940年11月。

### （四）第四代传人

傅兵宝，1947年8月。

傅兵昌，1947年8月。

楼瑞义，1947年11月。

傅兵义，1948年2月。

楼光铨，1948年5月。

楼瑞清，1950年9月。

### （五）第五代传人

楼兵武，1952年12月。

楼华荣，1954年10月。

陈昆法，1955年9月。

周根良，1956年9月。

傅兵文，1967年10月。

楼立忠，1972年6月。

傅国辉，1972年10月。

**二、代表性传承人**

楼光铨，男，1948年5月出生，义亭镇西楼村人，小学文化，1965年学艺，为义乌红糖制作技艺义亭镇西楼村第四代传承人，熟练掌握红糖传统制作技艺，在各个环节都能独当一面，在技艺的传承与发展中起承上启下的重要作用。2005年，义乌恢复红糖传统制作方法时，他重操技艺，辅助打制牛力木糖车，使义乌红糖古法制作技艺的核心工艺得以恢复。2009年，楼光铨被批准为浙江省第三批非物质文化遗产项目代表性传承人。

## [贰] 存续状况与保护措施

**一、存续状况**

义乌市种蔗榨糖已有三百七十余年的历史，义乌红糖是本地传统名特产，在省内外享有较高的声誉。中华人民共和国成立后，义乌种蔗、制糖量一直居全省首位，红糖产业在较长时期内都是义乌农民特别是义西南地区农民的主要经济来源之一，直到20世纪90年代中期，全市糖蔗种植面积仍有2万亩左右。其后，受多方面原因的影响，义乌市糖蔗种植面积连年下降，近年已降至数千亩，红糖产业逐年萎缩，传统产品濒临绝迹。近几年来，经过上下努力，义乌红糖产业开始逐步恢复，但与历史最好时期尚有较大差距。

2012年8月，义乌红糖获得中华人民共和国农产品地理标志登记证书。2014年11月，义乌红糖制作技艺正式列入第四批国家级非物质文化遗产代表性项目名录。2017年3月，义乌红糖由国家工商总局正式核准注册为地理标志证明商标。义乌红糖制作技艺是义乌首个以"义乌"冠名的国家级非遗项目，而义乌红糖是义乌市唯一拥有三张（国家级非遗项目、农产品地理标志登记证书和地理标志证明商标）"金名片"的农产品。

2017年9月15日，《义乌红糖》和《义乌红糖加工技术规程》两项团体标准经省市专家审定通过，于2017年10月22日在中国义乌国际小商品博览会标准展期间正式对外发布。义乌红糖标准的编制以《食品安全国家标准》为基准，同时将广东红糖标准作为横向比对和参照。这两项团体标准以设置严谨的指标体系和规范化的工艺流程，有效地解决了义乌红糖生产加工行业的市场流通合法化、产品质量可提升、产业发展可持续三大瓶颈，对传承义乌传统红糖制作工艺、推动义乌传统红糖产业健康发展、拓展义乌红糖的市场和品牌具有积极的推动作用。

2017年9月22日，义乌"红糖飘香"美丽乡村精品线方案设计通过专家评审。该项目位于义乌市义亭镇，是义乌十条美丽乡村精品线之一，计划打造出中国首个红糖文化创意园区、长三角地区最具特色的红糖主题精品线。其核心区为红糖文化体验区，由布谷鸟农业

生态园、糖蔗高效产业园、红糖文化博览园、红糖深加工园等多个子项目组成。

2017年10月28日，由农合联供销集团投资建设的布谷鸟农业生态园内，占地面积8273平方米的红糖加工标准化示范糖厂正式开榨。义乌市民不仅可以在销售大厅挑选琳琅满目的红糖制品，还可以透过玻璃窗全程观看制糖工艺。这是义乌红糖的生产工艺和品质样板基地。该糖厂设有食品企业规范生产区，引进日产4000—5000千克红糖的生产线，改进红糖加工过程中的清洗、榨汁、过滤澄清、熬糖、成型、包装工艺，提升红糖品质；同时，对红糖加工产生的废水、糖渣、糖沫、烟气等实行环保排放和循环利用。

2018年4月23日，由义乌市人力资源社会保障局职业技能鉴定中心、义乌市科协、义乌市农技推广服务中心等单位共同承担编制的“浙江省红糖制作专项职业能力考核规范开发项目”，通过省职业技能鉴定指导中心组织的专家审定。

2018年8月27日，义乌市委、市政府在《关于印发〈高质量打造“中国众创乡村” 高水平建设现代化“和美乡村”行动方案（2018—2022年）〉的通知》（义委发〔2018〕33号）中要求：到2019年底，“红糖飘香”等十条精品线全面完成基础设施建设，每条精品线基础设施投入不少于2亿元。

## 二、保护措施

义乌红糖产业由盛及衰，传统产品濒临绝迹，引起了各级部门的关注，鉴于此，义乌市政府采取了下列保护措施。

### （一）组织调查研究

2005年开始，由义乌市文化部门、义亭镇文化站组成调查组，对糖蔗种植、红糖加工制作方式（包括传统制作工艺木车牛力绞糖）等开展全面调查。2003—2004年，由义乌市农业部门、镇农办组织人员对义乌红糖产业发展情况进行调研，分析义乌红糖产业滑坡的原因和保护发展义乌红糖产业的可行性和必要性，撰写了义乌红糖产业保护发展的调研文章。

### （二）加强领导

2005年，由义乌市文广局、义乌市农业局、义亭镇政府组织成立义亭镇非物质文化遗产保护工作领导小组；由义乌市农办、义乌市农业局、义亭镇政府组织成立了义乌红糖产业保护领导小组，切实加强对义乌红糖产业保护工作的领导。

### （三）举办活动

通过举办红糖节（包括红糖产品推介会、鉴评会、红糖历史展览、艺术活动等），走观光旅游农业的特色发展之路，进一步保护开发义乌红糖这一传统产业，重新将它做强做大。

**（四）建立红糖产业保护基地**

义亭镇已在西楼、先田、西田、王阡三村等村建立了两千亩的糖蔗生产基地，积极引进新品种，大力推广无公害糖蔗标准化栽培技术，走绿色生态农业发展之路，建立标准化的义乌红糖保护开发基地。

**（五）制定政策**

组织有关人员进行调查研究，制定相关保护政策，对传统红糖加工工艺（木车牛力绞糖）给予重点保护和扶持。

**（六）资料建档**

建立资料库，新建陈列室，制作传统榨糖模型，制作木式牛拉榨糖车等。

**（七）保护与培养**

采用财政补贴方式，落实扶持政策，重点为基地建设、红糖加工厂改造、品牌建设等，成立领导小组与指导小组，进行技术指导和服务，成立糖业合作社，举办义乌红糖节，扩大宣传影响等。

**（八）理论研究**

专门组织人员开展摄影、摄像工作，开展红糖产业研讨会等。

**三、五个“创新”**

义乌红糖的保护、传承、弘扬、发展，迎来了战略发展的黄金机遇期。

在调研、借鉴和综合专家意见的基础上，笔者认为，义乌红糖文化和产业的发展必须做到五个“创新”，以创新驱动义乌红糖文化和产业的发展。

**（一）理念创新**

人类的进步和发展就是一个不断超越既成现实，追求和实现理想的过程，是一个超越创新的过程。以适应时代为特点，通过理念创新，加强非遗项目的保护和支持力度，才能促进义乌红糖文化的不断发展。保持思想的敏锐性和开放度，打破思维定式，摒弃不合时宜的旧观念，冲破制约发展的旧框。结合国内外经济和糖业发展的新特点，以全新的理念提高思想认识，在保护中传承，在弘扬

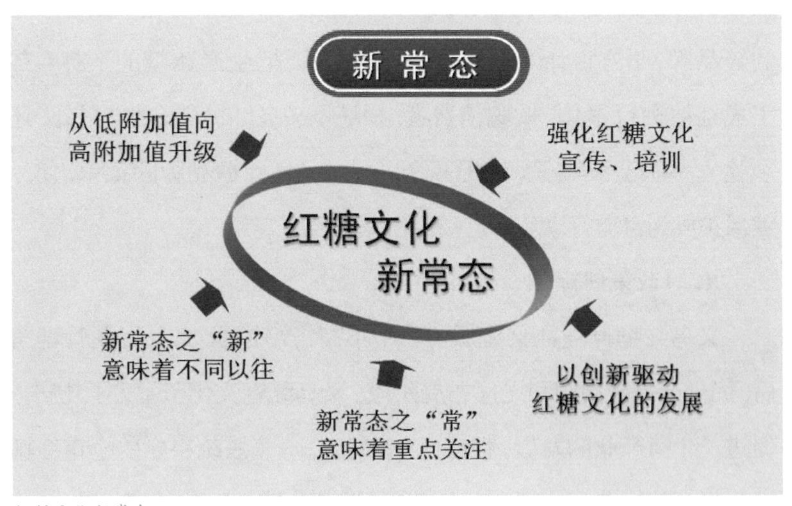


红糖文化新常态

中发展，打开义乌红糖文化和义乌红糖传统制作技艺保护、传承、弘扬、发展工作的新局面。

在新常态的形势下，我们必须站在战略的高度，把义乌红糖作为重要产业来做，凭借义乌人特有的魄力和经商理念，发挥传统宣传媒体和新媒体作用，让这一具有浓厚传统文化底蕴的产品随义乌小商品走向世界，红遍全球。

2014年，义乌红糖制作技艺被列为国家级非物质文化遗产代表性项目，宣传保护提高义乌红糖品牌工作变得尤为重要。这一方面需要宣传法律法规，另一方面需要政府有关部门配合，监督检查。近年来，少数红糖加工厂利用义乌红糖这块牌子进行制假掺假活动，在红糖加工过程中加进白糖或质量差的外地红糖，有些不法分子重利轻品牌，千方百计降低成本，以假乱真，把生产冰糖的下脚料加工成红糖进行销售，欺骗消费者，损坏了义乌红糖的名声。另外，还须建立举报奖励政策，以提高全民保护义乌红糖品牌的意识，使品牌保护成为自觉行动。

**（二）政策创新**

义乌红糖产业社会化服务水平不高，产业层次低，行业管理落后，尚处于自产自销和无序布局阶段。义乌红糖文化节举办了九届，促进了红糖产业的发展，但已停办。同时，一个系统科学的全市红糖产业规划的缺失，一定程度上制约了该产业的有序和健康发展。

政府与相关部门应顺势而为，制定和出台相应的红糖文化与产业发展政策，重点扶持产业升级、园区建设、工艺创新、文化创意、外埠基地建设等项目。同时，应组织和支持各类推介会、展示展销会、文化对接交流会、红糖文化旅游节等。择优引进与对接阿尔卑斯、大白兔、徐福记、德芙、金丝猴、金冠、雅客、旺旺、喔喔等糖果品牌企业。

在非遗保护方面，可借鉴国外的经验。不少国家从政府到民间均视非遗项目为“无形文化财富”和国宝，从各方面给予关怀和支持，形成制度和法规。如法国保护民间工匠、日本保护歌舞伎和相扑等，政府都定期划拨专项资金，用于非遗项目的保护、传承、弘扬和发展，还可鼓励企业家和慈善机构将非遗项目作为资助和支持的对象。

建议申请中国重要农业文化遗产。通过申请中国重要农业文化遗产，不但对弘扬义乌红糖文化，增强人们对红糖文化的认同感、自豪感以及促进义乌红糖产业可持续发展具有重要意义，而且把重要农业文化遗产作为丰富休闲农业的重要历史文化资源和景观资源来开发利用，能够增强产业发展后劲，带动遗产地农民就业增收，实现在发掘中保护，在利用中传承。

**（三）制度创新**

制度创新的核心内容是社会政治、经济和管理等制度的革新，

激发人们的创造性和积极性，举文化建设大旗，扬义乌红糖文化，充分发挥红糖产业协会的作用，促使新知识的不断创造和社会资源的合理配置及社会财富的涌现，最终推动红糖产业的提升与发展。加强生产和加工企业的自律监管和技术创新教育，充分调动各方面的积极性，激发红糖生产加工企业的创新活力。同时，引进和鼓励更多的社会人士和民间资本投入红糖文化产业中。

**（四）科技创新**

科技创新是指创造和应用新知识、新技术、新工艺，采用新的生产方式和经营管理模式，开发新产品，提高产品质量，提供新服务的过程。糖果的全球年人均消费量为3千克左右，而我国只有0.7千克，因此，我国糖果市场具有巨大的发展潜力。建议通过科技创新推动种蔗制糖技术推广与应用，提高种蔗制糖生产力。重点是优良品种的选育和引进，栽培技术的革新与推广，加工工艺的改进与提升。

主动与国内外糖业科研机构合作，对甘蔗品种改良更新、现代甘蔗生产技术、甘蔗农业机械化、病虫草害专业防控、红糖加工企业的环境监测和节能减排增效、甘蔗循环经济产业综合技术、义乌红糖行业标准的制定与实施、新产品研制与开发等方面进行改进；扶持民营科研企业，从事科技开发，努力提升义乌市种蔗制糖的科技水平。

重视品种选育，推广集成技术。义乌地处北缘蔗区，无霜期和甘蔗生长期短，甘蔗品种仍以粤糖54/474为主，该品种种植年份已约五十年，其种性早已退化，出糖率低，所制红糖容易受潮发霉，颜色变得快，保质期短，必须尽快淘汰。引进、选育早熟、高糖、高产、抗病、纯度高的适宜北缘蔗区（义乌）种植的甘蔗新品种，采取行之有效的措施，加大推广力度。

目前，基本上以施用氮磷钾复合肥为主，这种肥料施用在土中，溶解于水，有50%以上被雨水冲洗流失到江河内，造成水体严重污染。南方蔗区购买来的不少甘蔗原料蔗蛀虫多，以传统工艺加工时难免有虫粪渗入，虽经高温熬制无毒，但红糖容易受潮发霉出虫，严重影响保质期。要推广高科技的低碳生态有机无机复混肥，该肥料肥力足、肥效长，不流失、无污染。施用高效低毒低残留的无公害农药能提高红糖品质，使红糖产品符合绿色、环保、安全的要求。

改进熬糖工艺，提升红糖品质。推广甘蔗压榨时的“三次过滤办法”，即全汁过滤、深层过滤、中间汁沉淀过滤，使红糖杂质减少到最低限度，做到基本无杂质。这种技术解决杂质问题成本低，有利于提高红糖品质。

推广熬糖新工艺，重点把好“三关”，即“把握捞去糖沫关，把握红糖老嫩关，把握少用添加剂（苏打粉）关”，这是延长红糖保质期的关键。从食品卫生安全出发，红糖容易吸湿受潮，感染有害微生物，影响其质量甚至危害健康，增设包装车间，实行空气过滤无菌操作，采用大小包装，建立恒温恒湿仓库，可以延长红糖保质期十个月以上。

修订红糖标准。根据浙江省红糖生产的特点，按照环保、绿色、安全、卫生的要点，修订浙江省红糖地方标准。

**（五）产业创新**

站在发展旅游、发展经济的角度上看，义乌红糖是祖先留给今人和后人的一份宝贵财富，其中蕴藏着巨大的社会价值、文化价值和经济价值。

国际糖果工业已经步入功能型、保健型、低糖型、趣味型、生态型等的新时期。义乌红糖产品多为初级产品，产品附加值低。虽有新洪太、小宝两家生产红糖姜汤，但尚未形成规模。为此，要加大新产品、衍生品和综合产品开发力度，如开发出品舌尖上的红糖系列、寻找乡愁的甜蜜系列、婚庆糖果系列、速溶速冲系列、菜肴着色红糖系列、美容保健系列等高附加值产品，包装上更可设计出仿古拜年包装、新奇装、小包装，呈现一道古老与现代并存的风景，使义乌红糖真正成为“东方巧克力”，跟随中国红元素红遍全球，让甜蜜的中国梦飘香全球。

弘扬红糖文化，推动产业发展。继续举办红糖节，拉长红糖产业链，举行红糖质量评比活动，对一到三等奖适当进行奖励，这对发展红糖产业有着推动作用。同时，充分发挥电商微商作用，开发红糖网络市场，充分发挥义乌小商品大市场的优势，把义乌红糖推向世界。

开发红糖旅游业，进一步提升红糖文化，培育新的经济增长点。利用10—12月旅游黄金季节大力发展红糖休闲旅游。做大红糖产业，做强红糖品牌，做优红糖文化。把“甜蜜的事业”当作一种旅游资源来开发，进一步拓展和提升了红糖这一传统产业的文化内涵，为义乌经济发展注入新的活力。

# 附录

## [壹]1954年义乌青糖生产成本调查表

**义乌青糖生产成本调查表（1）**

义乌县城阳区杨村第四农会杨村龚奎喜互助组

典型农户：龚奎喜（贫农）　种植面积：1亩

1954年7月5日

| 项目 | 单位 | 数量 | 单价（元） | 金额（元） | 说明 |
|---|---|---|---|---|---|
| 甲、农业税 | （谷）斤 | 75 | 675 | 50625 | 本成本表系该农户生产情绪较积极和做到一般性的“精耕细作”情况下所做，其施用肥料多，因而单位产量可达到450斤，较一般的单位产量高。如果工夫不多、施肥不多，则单位产量不会这样高，而肥料人工及缸水等费用支出必降低，成本计算相应予以核减。可以作为义乌地区丘陵地带（占土壤面积较大）的生产成本参考。 |
| 乙、糖苗 | 株 | 1600 | 10 | 16000 | |
| 丙、种植人工 | 小计 | 26.5 | | 217500 | |
| 种苗 | 工 | 1 | 9000 | 9000 | |
| 出垦 | | 1.5 | 9000 | 13500 | |
| 铲土覆土 | | 3.5 | 9000 | 31500 | |
| 捧土 | | 2 | 9000 | 18000 | |
| 坨土 | | 3 | 9000 | 27000 | |
| 施肥 | | 3.5 | 9000 | 31500 | |
| 挑土肥 | | 2.5 | 9000 | 22500 | |
| 去叶削根 | 女工 | 7 | 6000 | 42000 | |
| 挑糖梗 | | 2.5 | 9000 | 22500 | |
| 丁、肥料 | 小计 | | | 148250 | |
| 草泥灰鸡屎 | 6担工 | 1 | 9000 | 9000 | |

续表

| 项目 | 单位 | 数量 | 单价（元） | 金额（元） | 说明 |
|---|---|---|---|---|---|
| 人肥 | 担 | 12 | 2500 | 30000 | |
| 塘泥 | 40担工 | 7 | 9000 | 63000 | |
| 肥田粉 | 斤 | 25 | 1850 | 46250 | |
| 戊、农具折旧 | | | | 5000 | |
| 己、加工费用 | 小计 | | | 253400 | |
| 榨工 | 工 | 9 | 9000 | 81000 | |
| 水利 | 缸 | 24 | 3800 | 91200 | |
| 柴火 | 担 | 4 | 12000 | 48000 | |
| 伙食 | （5人）餐 | 25 | 1000 | 25000 | |
| 苏打、蜡烛 | | | | 8200 | |
| | 合计成本690775元，每亩产量72捆，每捆75斤，计5400斤，出糖450斤。<br>每百斤成本153505元。预计含糖率每百斤8.34斤。 | | | | |

资料来源：义乌县糖烟酒公司档案

**义乌青糖生产成本调查表（2）**

义乌县城阳区杨村第四农会杨村杨大田互助组

典型农户：杨大田（佃中农）　　种植面积：0.75亩

1954年7月

| 项目 | 单位 | 数量 | 单价 | 金额 | 说明 |
|---|---|---|---|---|---|
| 甲、农业税 | （谷）斤 | 56.25 | 675 | 37968 | 因该农民系劳动模范，而且糖梗种植经验较丰富，并在省农林厅土产工作组直接指导下，使用商品肥料，田间操作精细，单位产糖量为667斤，可代表义乌县先进单位产量的成本计算记录，以供参考。 |
| 乙、糖苗 | 株 | 1163 | 10 | 11630 | |
| 丙、种植人工 | 小计 | 25 | | 213000 | |
| 种植 | 工 | 16 | 9000 | 144000 | |
| 收割 | 工 | 5 | 9000 | 45000 | |
| 收割 | 女工 | 4 | 6000 | 24000 | |
| 丁、肥料 | 小计 | | | 171250 | |
| 人尿 | 担 | 4 | 2500 | 10000 | |
| 草泥灰 | 担 | 6 | 1500 | 9000 | |
| 鸡屎 | 担 | 1 | 3000 | 3000 | |
| 肥田粉 | 斤 | 26 | 1850 | 48100 | |
| 骨粉 | 斤 | 24 | 1100 | 26400 | |
| 菜饼 | 斤 | 70 | 725 | 50750 | |
| 白豆 | 斤 | 20 | 1200 | 24000 | |
| 戊、农具折旧 | | | | 5000 | |
| 己、加工费用 | 小计 | | | 237600 | |

续表

| 项目 | 单位 | 数量 | 单价 | 金额 | 说明 |
|---|---|---|---|---|---|
| 榨工 | 工 | 9 | 9000 | 81000 | |
| 水利 | 缸 | 23 | 3800 | 87400 | |
| 柴火 | 担 | 3 | 12000 | 36000 | |
| 伙食 | （5人）餐 | 25 | 1000 | 25000 | |
| 苏打、蜡烛 | | 24 | | 8200 | |
| | 合计成本676448元，出糖500斤。<br>每百斤成本135289元，每亩单位产糖667斤。 | | | | |

资料来源：义乌县糖烟酒公司档案

## [贰]1979年义乌红糖标准

1979年10月30日，义乌县糖烟酒公司的《红糖质量等级观感检验试行标准》如下。

甲级：（1）清甜，有香味，无异味；

（2）色淡黄，有光泽；

（3）呈粉状，质地松散干燥，用手抓起捏紧放开后会自行徐徐散开；

（4）溶解于水，极少沉淀物。

乙级：（1）味清甜，无异味；

（2）色黄略红，略有光泽；

（3）呈粉状，质地松散干燥；

（4）溶解于水，很少有沉淀物杂质。

丙级：（1）味甜，无异味；

（2）红棕色或带褐色，光泽略暗淡；

（3）有较多团粒或小块；

（4）溶解于水，有少量沉淀物杂质。

丁级：（1）味甜，带有焦味或涩味；

（2）黑色，无光泽；

（3）呈小块状，较潮湿或带有黏性；

（4）有少量沉淀物杂质。

注：上述每个等级的四条标准应以"味"和"色"为重，甲、乙级糖，既要味道好，又要糖色符合标准。在"味""色"符合标准的前提下，再对其他两条按具体质量情况进行等级评定。如"味""色"不符合标准，其他两条虽符合或超过标准，都应降一级或二级。丁级糖色多样，视质量而定。

### ［叁］2016年义乌市红糖行业诚信公约

为维护红糖行业和消费者共同利益，树立行业的健康形象，完善义乌市红糖行业的诚信自律机制，根据国家《食品安全法》和有关法律、法规，结合本市实际情况，我们十家发起单位特制订《义乌市红糖行业诚信公约》。

第一条 基本原则是诚信守法、健康安全。

第二条 积极推进本行业的职业道德规范建设，弘扬和宣传义乌红糖文化，生产纯正义乌红糖，把红糖产品安全放在首位。

第三条 红糖及其制品生产加工过程中，绝不非法添加人工色素、增白剂等添加剂；不掺杂使假、以次充好；不掺白糖、冰糖下脚料等加工红糖。

第四条 红糖产品标识应当真实、清晰，符合法律、法规、规章的规定和要求，不使用欺诈性、误导性的语言、文字、图片，不使用不合格的计量器具，保证红糖质优量足。

第五条 建立产品原材料进货台账，产品销售台账。建立完善的产品售后服务制度和召回机制，及时响应并处理消费者投诉。

第六条 自觉接受、服从政府主管部门、社会及媒体的监督，不断提高自查自律和自检自管能力，促进红糖行业的健康有序发展。

（说明：2016年11月8日，在义亭镇西楼村召开的义乌市第二届网上红糖文化节启动仪式上，十家红糖企业现场签名。）

### ［肆］义乌红糖团体标准

本标准按照GB/T 1.1-2009《标准化工作导则 第1部分：标准的结构和编写》给出的规则起草。

本标准由义乌市红糖产业协会提出并归口。

本标准起草单位：义乌市产品（商品）质量监督检验研究院、义乌市农技推广服务中心、浙江咏桂农业开发有限公司、义乌市小宝红糖厂、义乌市五德丰农业开发有限公司、义乌市铭悦红糖厂、义乌市康红红糖专业合作社、义乌市秋甜红糖厂、义乌市义甜红糖专业合作社。

本标准主要起草人：朱艳俊、毛兰珍、龚宁、骆向荣、陈青青、何洪法、刘德强、吴胜光、鲍小宝、吴德锋、杨倡春、楼志卫、叶培坚、刘筱青。

**1 范围**

本标准规定了义乌红糖的分类和级别、要求、试验方法、检验规则、标志、包装、运输和贮存。

本标准适用于第3章定义的义乌红糖。

**2 规范性引用文件**

下列文件对于本文件的应用是必不可少的。凡是注日期的引用文件，仅所注日期的版本适用于本文件。凡是不注日期的引用文件，其最新版本（包括所有的修改单）适用于本文件。

GB/T 191 包装储运图示标志

GB 2760 食品安全国家标准 食品添加剂使用标准

GB 2762 食品安全国家标准 食品中污染物限量

GB 2763 食品安全国家标准 食品中农药最大残留限量

GB 5009.3—2016 食品安全国家标准 食品中水分的测定

GB 5009.34 食品安全国家标准 食品中二氧化硫的测定

GB 7718 食品安全国家标准 预包装食品标签通则

GB 13104-2014 食品安全国家标准 食糖

GB 14881-2013 食品安全国家标准 食品生产通用卫生规范

GB 28050 食品安全国家标准 预包装食品营养标签通则

QB/T 2343.2 赤砂糖试验方法

JJF 1070 定量包装商品净含量计量检验规则

定量包装商品计量监督管理办法 国家质量监督检验检疫总局2005年令第75号

**3 术语和定义**

以下术语和定义适用于本标准。

**义乌红糖**

在义乌市行政区域范围内，以糖蔗为原料，经榨汁、清净、熬制、成型、干燥，采用义乌传统工艺（非石灰法）不经分蜜制炼而成的红糖。

**4 分类和级别**

**4.1 分类**

义乌红糖按形态不同分为粉糖和块糖。

**4.2 级别**

义乌红糖按产品质量规定分为优级、一级和二级3个级别。

## 5 要求

### 5.1 原料糖蔗

糖蔗蔗茎应干净，去除蔗叶、根毛、泥土等杂质。不得使用品质劣变的糖蔗。

### 5.2 感官要求

5.2.1 粉糖应符合表1要求。

表1 粉糖感官要求

<table>
<tr><th rowspan="2">项目</th><th colspan="3">要求</th></tr>
<tr><th>优级</th><th>一级</th><th>二级</th></tr>
<tr><td>色泽</td><td>色泽自然，呈淡黄、金黄或橙黄色，有光泽</td><td colspan="2">色泽自然，呈棕红色或红褐色，略有光泽</td></tr>
<tr><td>气味、滋味</td><td colspan="3">味甜，具有甘蔗红糖的芳香，无焦味或其他明显异味</td></tr>
<tr><td>组织形态</td><td colspan="3">呈粉状，细碎松软，无潮解，无明显黑渣和肉眼可见外来杂质</td></tr>
</table>

5.2.2 块糖应符合表2要求。

表2 块糖感官要求

<table>
<tr><th rowspan="2">项目</th><th colspan="3">要求</th></tr>
<tr><th>优级</th><th>一级</th><th>二级</th></tr>
<tr><td>色泽</td><td>色泽自然，呈金黄至橙红色</td><td colspan="2">色泽自然，呈棕红色或红褐色</td></tr>
<tr><td>气味、滋味</td><td colspan="3">味甜，具有甘蔗红糖的芳香，无焦味或其他明显异味</td></tr>
<tr><td>组织形态</td><td colspan="3">呈块状，无潮解，无明显黑渣和肉眼可见外来杂质</td></tr>
</table>

**5.3 理化指标**

理化指标应符合表3规定。

**表3 理化指标**

| 项目 | 指标 | | |
|---|---|---|---|
| | 优级 | 一级 | 二级 |
| 总糖分（蔗糖分+还原糖分）/(g/100g) ≥ | 89.0 | 87.0 | 85.0 |
| 干燥失重/(g/100g) ≤ | 4.0 | 5.0 | 6.0 |
| 不溶于水杂质/ (mg/kg) ≤ | 150 | 300 | 450 |
| 二氧化硫残留量（以$SO_2$计）/(mg/kg) ≤ | 20 | | |

**5.4 食品添加剂**

食品添加剂的使用应符合GB 2760的规定。

**5.5 生物指标**

螨，不得检出。

**5.6 污染物限量**

应符合GB 2762的规定。

**5.7 农药最大残留限量**

应符合GB 2763的规定。

**5.8 净含量**

应符合国家《定量包装商品计量监督管理办法》（2005年国家

质量监督检验检疫总局令第75号）的规定。

**5.9 生产加工过程的卫生要求**

应符合GB 14881-2013的规定。

## 6 试验方法

**6.1 感官**

取适量样品置于白瓷盘中，于明亮自然光线下，观察其色泽、组织形态，并嗅其气味、口尝其滋味。

**6.2 理化指标**

6.2.1 总糖分（蔗糖分+还原糖）、不溶于水杂质

按 QB/T 2343.2 进行测定。

6.2.2 干燥失重

按GB 5009.3-2016 中第二法（减压干燥法）进行测定。

6.2.3 二氧化硫残留量

按GB 5009.34进行测定。

6.2.4 螨

按GB 13104-2014附录A进行测定。

**6.3 净含量**

按JJF 1070 规定的方法测定。

**7 检验规则**

**7.1 组批**

同一原料、同一班次的产品为一组批。

**7.2 抽样**

每批产品中随机抽取重量不少于2kg，将其平均分成2份，其中1份作检验样品，另1份作备检样品。

**7.3 出厂检验**

每批产品出厂前，应进行出厂检验，出厂检验内容包括感官要求、总糖分、不溶于水杂质、干燥失重、净含量、标签。检验合格并附合格证的产品方可出厂。

**7.4 型式检验**

每半年进行一次，型式检验项目为本标准技术要求中4.2～4.8的全部项目。有下列情况之一时，亦应进行型式检验：

a）新榨季生产期开始时；

b）原料产地、加工工艺或生产设备有较大改变，可能影响产品质量时；

c）出厂检验与上次型式检验结果有较大差异时；

d）国家质量监督检验机构提出型式检验时。

**7.5 判定规则**

检验项目全部合格者，判为合格品。否则，可对该批次留样产品

进行不符合项的检验，判定结果以复检结果为准。生物指标不合格时，不得复验。

**8 标志、包装、运输和贮存**

**8.1 标志**

预包装红糖应符合GB 7718、GB 28050的规定。

**8.2 包装**

产品内包装袋应符合国家相关标准规定，封装应严密、捆扎牢固，外观整洁美观。产品的包装、储运、图示标志应符合 GB/T 191 的规定。

**8.3 运输**

运输工具应清洁卫生、无异味、无污染，运输时应防止日晒、雨淋，不得与有毒、有害、有异味或影响产品质量的物品混装运输。

**8.4 贮存**

8.4.1 产品应贮存在阴凉通风、干燥的室内；并有防尘、防蝇、防虫、防鼠设施；不得与有毒、有害、易污染的物品混贮。

8.4.2 仓库内产品，按不同等级分别堆码整齐。产品距地不得小于20cm，离墙不得小于20cm。

## [伍] 义乌红糖加工技艺规程团体标准

本标准按照GB/T 1.1-2009《标准化工作导则 第1部分：标准的结构和编写》给出的规则起草。

本标准由义乌市红糖产业协会提出并归口。

本标准起草单位：义乌市产品（商品）质量监督检验研究院、义乌市农技推广服务中心、浙江咏桂农业开发有限公司、义乌市小宝红糖厂、义乌市五德丰农业开发有限公司、义乌市铭悦红糖厂、义乌市康红红糖专业合作社、义乌市秋甜红糖厂、义乌市义甜红糖专业合作社。

本标准主要起草人：朱艳俊、毛兰珍、龚宁、骆向荣、陈青青、何洪法、刘德强、吴胜光、鲍小宝、吴德锋、杨倡春、楼志卫、叶培坚、刘筱青。

**1 范围**

本标准规范了义乌红糖加工的术语和定义、要求、加工方法、质量管理、包装储存等加工过程控制。

本标准适用于第3章定义的义乌红糖的加工。

**2 规范性引用文件**

下列文件对于本文件的应用是必不可少的。凡是注日期的引用文件，仅所注日期的版本适用于本文件。凡是不注日期的引用文件，其最新版本（包括所有的修改单）适用于本文件。

GB 1886.2 食品安全国家标准 食品添加剂 碳酸氢钠

GB 2760 食品安全国家标准 食品添加剂使用标准

GB 4806.7 食品安全国家标准 食品接触用塑料材料及制品

GB 5749 生活饮用水卫生标准

GB/T 6543 运输包装用单瓦楞纸箱和双瓦楞纸箱

GB 7718 食品安全国家标准 预包装食品标签通则

GB 28050 食品安全国家标准 预包装食品营养标签通则

**3 术语和定义**

以下术语和定义适用于本标准。

**3.1 义乌红糖**

在义乌市行政区域范围内，以糖蔗为原料，经榨汁、清净、熬制、成型、干燥，采用义乌传统工艺（非石灰法）不经分蜜制炼而成的红糖。

**3.2 连环锅灶**

从灶头按口径从大到小呈一字形排列建造的锅灶，一般由8—10口铁锅组成。

**3.3 糖沫**

蔗汁煮沸时上浮的含蔗蜡、絮凝物等杂质的泡沫。

**3.4 熬糖**

烧煮蔗汁蒸发水分浓缩糖液的过程。

**3.5 炒糖**

用糖勺在糖锅内不断搅动、混合浓稠糖浆的操作过程。

### 3.6 糖槽

制糖专用工具。用于盛放浓稠成熟糖浆，作最后成型加工的木制槽。

### 3.7 糖勺

制糖专用工具。加装长木柄的铁皮勺，用于舀盛糖液，亦用于炒糖。

### 3.8 漏勺

制糖专用工具。加装长木柄的铁皮平底浅勺，底面钻有若干细孔，用于捞糖沫。

### 3.9 糖铲

制糖专用工具。铁质或不锈钢质的平口直铲，加装木柄，用于糖槽内搅动、摊晾、铲刮红糖。

### 3.10 糖锤

制糖专用工具。木柄前垂直装一段粗短圆木，用于揉碾粉碎红糖。

## 4 要求

### 4.1 原料

4.1.1 原料蔗应干净，去除蔗叶、根毛、泥土等杂质。

4.1.2 原料蔗不得使用品质劣变的糖蔗。

4.1.3 原料蔗在搬运堆放贮存操作过程中应避免机械损伤、混杂和污染；原料蔗堆放场地要求地面硬化，清洁卫生。

**4.2 辅料**

4.2.1 炒糖过程中允许添加少量符合国家标准的食用植物油。

4.2.2 捞糖沫和加工成型时允许使用碳酸氢钠（小苏打）作为加工助剂。小苏打质量应符合GB 1886.2要求，使用量应符合GB 2760的要求。

4.2.3 禁止使用任何色素、增白剂、香精香料、石灰和其他添加剂。

**4.3 加工场地**

4.3.1 红糖加工厂选址应远离污染源。

4.3.2 冲洗加工设备用水应达到GB 5749的要求。

4.3.3 熬制、包装车间、成品仓库地面应硬化，灶面墙面应平整光洁，无污垢，并配建好必要的卫生隔离防护。

4.3.4 加工场地应通风透光良好，配备必要的照明设施。

4.3.5 加工场地应将行政管理部门发放的营业执照、食品生产许可证（或食品生产经营登记证）及企业的相关加工、管理规章制度公示上墙。

4.3.6 加工场地应满足消防安全设计要求，并配备必要的灭火器等防火、灭火设施设备。红糖加工车间应和烧火间隔开，堆放燃料场地与加工车间应保持一定的安全距离。

**4.4 加工设施与设备**

4.4.1 红糖加工应具备压榨机、过滤与沉淀池（桶）、连环锅灶、制糖专用工具（平底漏勺、糖勺、糖槽、糖铲、糖锤等）、干燥机等设施与设备。

4.4.2 压榨机及动力配置应与熬糖车间产能匹配，优先选择提汁率高的压榨机。

4.4.3 熬制红糖的连环锅灶应拔火良好，节能环保，烟气须经环保处理达标排放。

4.4.4 与原料、半成品、成品接触的设备与用具，应选择无毒、无味、抗腐蚀、不易脱落的材料制作，并应易于清洁和保养。宜使用无异味、无毒的竹、木等天然材料制作的工具以及铁、不锈钢、食品级塑料制成的器具。

4.4.5 加工设备与设施在使用前应进行清洗，清除锈斑、灰尘、霉菌等，生产期间定期清洁维护。榨糖季节结束后，应及时清洁、保养加工设备并封存。

**4.5 加工人员**

4.5.1 要求身体健康，上岗前应进行体检，持健康证上岗。

4.5.2 上岗前应经义乌红糖加工技术和知识培训，掌握义乌红糖的加工技术和操作技能。

4.5.3 进入加工场地应统一换工作鞋，穿戴工作衣、帽，洗手、消毒，包装车间工作人员还需戴口罩上岗。

4.5.4 工作时禁止吸烟、吃零食及随地吐痰。

## 5 加工方法

### 5.1 工艺流程

义乌红糖采用机械榨汁与传统锅灶煎熬相结合的加工方法。

工艺流程：榨汁→清净（过滤、沉淀、捞糖沫、二次过滤）→熬制（熬糖、炒糖）→成型（出锅、做糖）→干燥（需要时）→成品义乌红糖。

### 5.2 工艺要求

5.2.1 榨汁

精选原料蔗，除净根、叶、泥土（必要时用水冲洗），去除虫害及病变严重的劣质糖蔗，存放清洁处待榨。一般选用小型三辊榨机（配10kW—13kW动力）榨蔗取汁。

5.2.2 清净

蔗汁和糖水通过各种物理方法去除杂质。

5.2.2.1 过滤

压榨机出水口和糖水池之间应放置10目~20目的滤网过滤蔗渣。

5.2.2.2 沉淀

蔗汁先流经沉淀池（槽）除去粗重杂质，再流（泵）入存放池

（桶）静置沉淀1小时左右，除去细腻沉淀物。蔗汁存放时间不超过3小时。

5.2.2.3 捞糖沫

沉淀后上清液流（泵）入连环锅灶的第一口大锅加热，沸腾前后用漏勺快速捞尽漂浮糖沫。可加少量小苏打粉促进杂质上浮。再转入第二口锅继续捞糖沫，捞净糖沫后转入第三口锅。一般一次捞沫处理蔗汁约200kg，后分两次熬制成糖。

5.2.2.4 二次过滤

糖水进入第四口锅时，用200—300目不锈钢滤网过滤，进一步去除固体杂质。

5.2.3 熬制

5.2.3.1 熬糖

将糖水分散在末端5—6口锅内同时煮炼浓缩，蒸发掉大部分水分，其间适当统筹调和，保持各锅糖水浓度基本一致。熬制过程中锅内出现焦糖积炭时要及时清除。

5.2.3.2 炒糖

当糖水浓缩变成浓稠糖浆时，全部舀入末四口锅并开始炒糖，用糖勺不断搅动混合，避免受热不均发生糊锅焦糖。之后随着糖浆接近成熟渐次向末端糖锅集中，最后全部集中到末端一口锅。

5.2.4 成型

5.2.4.1 出锅

当沸腾气泡变得稀少，糖锅上空基本看不到白色水汽时，说明糖浆已成熟，应快速出锅舀至糖槽。正常生产两次出锅间隔时间约15分钟。

5.2.4.2 做糖

出锅前可在糖槽内放置10—30克小苏打，并与热糖浆搅拌混合均匀，来回摊晾几次，待糖浆完全凝结时趁热铲翻，用糖锤揉碾粉碎，加工为成品粉糖。

将糖浆来回摊晾几次，基本凝滞时静置，凝结时用糖铲划切成块，冷却后铲起为成品块糖。

5.2.5 干燥

遇潮湿天气在自然散湿条件下产品水分含量无法达标时，应启用干燥机。

**6 质量管理**

6.1 加工企业应根据本标准制定质量管理实施细则，完善岗位责任制。

6.2 加工企业宜设置糖蔗和红糖检测室，开展检测活动，并做好记录。

6.3 加工企业应建立红糖质量安全追溯制度。应有加工原辅料、质量检验、入库、销售等记录。

6.4 加工企业应对产品质量问题进行自查，并将整改情况记录在档。

**7 包装储存**

**7.1 包装**

7.1.1 成品红糖经出厂检验合格后，分级包装。

7.1.2 包装材料包装袋或纸箱必须内衬食品级塑料内袋，并严密封口，防潮防霉。

7.1.3 包装上须有标签，产品标签应按GB 7718、GB 28050规定执行。

7.1.4 塑料包装袋及塑料桶应符合GB 4806.7的规定。

7.1.5 纸箱、纸盒应符合GB/T 6543的规定。

**7.2 储存**

7.2.1 包装好的红糖及时入库防止二次污染。

7.2.2 存放成品红糖的仓库要求环境阴凉干燥，地面硬化，墙壁整洁。

7.2.3 红糖必须存放专用仓库，并不得与有害、有毒物品同仓贮存。

7.2.4 仓库须阴凉干燥，并增设防火、防鼠、防尘、防虫等卫生设施。

**义乌红糖加工技术规程图例**

| 榨汁 | 蔗汁过滤 | 蔗汁沉淀 | 捞糖沫 | 糖水过滤 |
| --- | --- | --- | --- | --- |
|  |  |  |  |  |
| 熬糖 | 炒糖 | 出锅 | 做糖 | 成品红糖 |
|  |  |  |  |  |

## [陆] 义乌糖蔗营养成分表

| 样品名称 | 三特糖蔗 | 粤糖蔗 | 鲜蔗（华南种） | 鲜蔗（粤糖） | 鲜蔗（粤糖） | 鲜蔗（粤糖） | 中国食物成分表(2002)甘蔗汁参考值 |
|---|---|---|---|---|---|---|---|
| 水分% | 76.6 | 72.9 | 76.1 | 72.2 | 77.8 | 77.4 | 83.1 |
| 蛋白质% | 0.36 | 0.35 | 0.43 | 0.66 | 0.23 | 0.54 | 0.4 |
| 氨基酸% | 0.22 | 0.32 | 0.20 | 0.51 | 0.15 | 0.34 | |
| 游离氨基酸% | 0.04 | 0.04 | 0.03 | 0.07 | 0.02 | 0.08 | |
| 粗纤维% | 4.4 | 5.4 | 4.6 | 4.8 | 5.6 | 4.1 | —— |
| 总糖% | 19.8 | 19.4 | 20.2 | 20.4 | 20.2 | 13.2 | |
| 还原糖% | 3.60 | 1.79 | 1.24 | 1.20 | 2.06 | 2.50 | |
| 葡萄糖% | 0.2 | 0.2 | 0.2 | 0.2 | 0.2 | 0.2 | —— |
| 果糖% | 0.2 | 0.2 | 0.2 | 0.2 | 0.2 | 0.2 | —— |
| 蔗糖% | 17.3 | 16.0 | 17.3 | 13.0 | 15.6 | 13.0 | ≥12（GB/T10498–2010） |
| 维生素A mg/kg | 0.01 | 0.01 | 0.01 | 0.01 | 0.01 | 0.01 | 0.02 |
| 维生素C mg/100g | 1.11 | 0.74 | 0.55 | 0.74 | 0.83 | 0.92 | 2 |
| 核黄素（维生素$B_2$）mg/kg | 0.05 | 0.05 | 0.05 | 0.05 | 0.05 | 0.05 | 0.2 |
| β–胡萝卜素mg/kg | 2.5 | 2.5 | 2.5 | 2.5 | 2.5 | 2.5 | 0.1 |
| 苹果酸% | 0.42 | 0.33 | 0.53 | 0.55 | 0.30 | 0.53 | —— |

续表

| 样品名称 | 三特糖蔗 | 粤糖蔗 | 鲜蔗（华南种） | 鲜蔗（粤糖） | 鲜蔗（粤糖） | 鲜蔗（粤糖） | 中国食物成分表(2002)甘蔗汁参考值 |
|---|---|---|---|---|---|---|---|
| 琥珀酸% | 0.00005 | 0.00005 | 0.00005 | 0.00005 | 0.00005 | 0.00005 | —— |
| 柠檬酸% | 0.00005 | 0.00005 | 0.00005 | 0.00005 | 0.00005 | 0.00005 | —— |
| 磷% | 0.026 | 0.020 | 0.034 | 0.024 | 0.034 | 0.022 | 0.014 |
| 钾mg/kg | 418 | 673 | 1223 | 2094 | 1150 | 2212 | 950 |
| 钠mg/kg | 1.25 | 1.25 | 1.25 | 1.25 | 1.25 | 1.25 | 30 |
| 钙mg/kg | 119 | 103 | 31.1 | 57.8 | 60.0 | 76.4 | 140 |
| 镁mg/kg | 166 | 103 | 51.4 | 91.5 | 74.0 | 89.8 | 40 |
| 铜mg/kg | 0.5 | 0.5 | 0.5 | 0.5 | 0.5 | 0.5 | 1.4 |
| 锌mg/kg | 2.3 | 1.4 | 1.2 | 3.0 | 5.8 | 1.9 | 10 |
| 铁mg/kg | 5.7 | 5.5 | 3.2 | 3.1 | 5.4 | 4.0 | 4 |
| 锰mg/kg | 1.7 | 0.5 | 1.5 | 14.4 | 3.8 | 6.1 | 8 |
| 硒mg/kg | 0.019 | 0.016 | 0.0020 | 0.00088 | 0.0012 | 0.016 | 0.0013 |
| 氟mg/kg | 未检出 | 未检出 | 未检出 | 未检出 | 未检出 | 未检出 | —— |

资料来源：义乌市农业检测站

## [柒]义乌红糖营养成分表

| 项目 | 义乌红糖 | 外地红糖 | 优级白砂糖 | 中国食物成分表（2002） |
|---|---|---|---|---|
| 水分% | 7.23 | 4.62 | 0.047 | 1.9 |
| 蛋白质% | 1.79 | 3.38 | 0.13 | 0.7 |
| 磷% | 0.08 | 0.014 | 0.17 | 0.011 |
| 不溶于水杂质% | 2.84 | 0.66 | 1.82 | / |
| 粗纤维% | 0.34 | 0.1 | 0.3 | / |
| 灰分% | 2.00 | 3.3 | 0.05 | 0.8 |
| 还原糖% | 9.41 | 4.18 | 未检出 | / |
| 蔗糖% | 79.39 | 85.6 | 99.7 | / |
| 葡萄糖% | 2.65 | 未检出 | 未检出 | / |
| 果糖% | 2.92 | 未检出 | 未检出 | / |
| 有机酸% | 5.18 | 14.3 | 未检出 | / |
| 维生素A IU/g | <0.02 | <0.02 | <0.02 | / |
| 核黄素（维生素B2）mg/kg | 0.05 | 0.05 | 0.05 | / |
| 维生素C mg/100g | 3.94 | 0.37 | 2.61 | / |
| β－胡萝卜素 mg/kg | 2.5 | 2.5 | 2.5 | / |

续表

| 项目 | 义乌红糖 | 外地红糖 | 优级白砂糖 | 中国食物成分表（2002） |
|---|---|---|---|---|
| 碳水化合物% | 88.98 | 88.70 | 99.77 | 96.6 |
| 能量 kJ | 1543 | 1565 | 1698 | 1628 |
| 能量 kcal | 369 | 374 | 406 | 389 |
| 钾 mg/kg | 6138.91 | $1.43\times10^4$ | 未检出 | 2400 |
| 钠 mg/kg | 498.72 | 14.8 | 未检出 | 183 |
| 钙 mg/kg | 546.82 | $2.33\times10^3$ | 5.6 | 1570 |
| 镁 mg/kg | 689.45 | 664 | 74 | 540 |
| 铜 mg/kg | 0.5 | 0.5 | 0.60 | 1.5 |
| 锌 mg/kg | 4.30 | 3 | 未检出 | 3.5 |
| 铁 mg/kg | 20.91 | 23.9 | 未检出 | 22 |
| 锰 mg/kg | 12.24 | 11.2 | 4.8 | 2.7 |
| 硒 mg/kg | 0.03 | 0.014 | 0.0039 | 0.042 |
| 锗 ng/ml | <3.5 | <3.5 | <3.5 | / |

资料来源：义乌市农业检测站

## [捌]专家学者评价

### 一、刘嘉麒院士的评价

糖是老幼皆宜的食品，似乎没有哪种食品比糖更普遍，更受人喜爱。虽然糖有多种类型，但红糖是白糖、冰糖等糖类之母，且更富有营养，更具有医、食价值。义乌红糖是红糖中的极品，素以质地松软、香甜可口而著称，是闻名中外的一种品牌，一种产业，一种文化，与火腿、南蜜枣一起被称为义乌传统的“三宝”，是热情好客、诚信包容的义乌民情的一个很好诠释。

我曾有幸到访义乌，深为那里的经济繁荣和社会文明所震撼。勤劳智慧的义乌人不仅创造了丰富的物质财富，也积累了丰富的精神财富。“浙中母县、八婺肇基”的义乌，已成为全球最大的小商品集散中心，是联合国、世界银行等国际权威机构确认的世界第一大市场。甜蜜的事业使这片古老富足的土地焕发出勃勃生气，增添了欣欣向荣的光彩。

——摘自《话说义乌红糖》

（作者系中国科学院院士、中国科普作家协会理事长）

### 二、王卫平高级农艺师的评价

义乌红糖历史悠久，产品色泽嫩黄而略带青色，质地松软、散似细沙、纯洁无渣、甘甜味鲜、清香可口、营养丰富，是义乌著名的传统土特产。作为一个土生土长的义乌人，深感义乌红糖在传承义

乌当地文化中的作用，逢年过节，家家户户制成冻米糖、粟米糖、芝麻糖、花生糖等多种年糖，年年如此，代代相传。好客的义乌人民用红糖这个甜蜜事业吸引了省内外、国内外的宾客，“鸡毛换糖”换出了中国义乌小商品城，义乌也成为全球最大的小商品集散中心。

随着市场经济的发展，勤劳的义乌人民不断深化红糖全产业链开发，通过举办红糖节，参加各种展会，创办义乌红糖博物馆，培育红糖品牌，如“小宝”红糖、“同心乐”系列红糖深加工产品等，进一步发展义乌红糖产业，弘扬红糖文化，提高义乌红糖的知名度，义乌红糖这个甜蜜的事业越来越红火。同时，义乌红糖产业要充分借助义乌国际商贸城的优势，进一步做大做强品牌，让义乌红糖从乌伤大地走向全国、走向世界，传递义乌精神，弘扬义乌文化。

（作者系浙江省农业厅高级农艺师）

**三、吴德丰会长的评价**

义乌市是位于浙江省的“红糖之乡”，国家糖料基地所在地。义乌红糖历史悠久，色泽金黄，质地松散，清香味甜，营养丰富，是红糖中的极品。

义乌属亚热带季风气候，全年四季分明，气候温和，雨量充沛，太阳辐射强，光照充足，特别是4—10月份的光温条件，与义乌糖蔗生长规律相吻合。糖蔗生产基地空气清新、农用水水质纯净、土壤未受污染，具有良好的农业生态环境，加上长期以来推广优良品种及无公害标准化生产栽培技术、施用高效低毒低残留的生产资料等，生产出的糖蔗优质高产。加工制作的红糖及红糖制品没有任何添加剂，富含多种对人体有益的成分。

为使义乌红糖产业焕发生机，针对义乌位于我国的北缘蔗区，无霜期相对偏短（243天左右），糖蔗含糖分、出糖率相对偏低的实际情况，要注重科技开发，选用早熟、高糖、高产、抗性强的糖蔗新品种，淘汰成熟晚、品质差的老品种；采用生态高效的糖蔗栽培新技术，使用有机安全环保的生产资料；积极探索改进红糖加工工艺，使红糖品质不断提升，进一步促进农业增效、农民增收。

（作者系浙江省甘蔗产业协会会长）

**四、陈海英博士的评价**

义乌是中国糖蔗之乡，十里飘香红糖示范区的成片蔗林一望无际。每年立冬过后，义乌城乡蔗甜满怀、红糖飘香，充满着温暖与甜蜜。糖蔗含糖量高，浆汁甜美，被称为“糖水仓库”，给食用者带来甜蜜的享受。

义乌属亚热带季风气候，光热资源丰富，雨热同期，十分适合糖蔗的生长。检测数据表明，该地大气清新，土壤环境质量较好，灌溉水符合国家农田灌溉水质标准，适合糖蔗的种植。经过榨糖灶烟气治理设施改造后，空气质量明显提高。

红糖具有“温而补之，温而通之，温而散之”的效果。未经精炼

的红糖保留了较多糖蔗的营养成分，也更加容易被人体消化吸收，因此能快速补充体力、增加活力，有“东方的巧克力”之称。

（作者系义乌市农技推广服务中心引进人才）

# 主要参考文献

1.《浙江省农业志》编纂委员会. 浙江省农业志［M］. 北京：中华书局，2004.

2.中国社会科学院《义乌发展之文化探源》课题组. 义乌发展之文化探源［M］. 北京：社会科学文献出版社，2007.

3.季羡林. 《季羡林全集》（第十八卷）［M］. 《季羡林全集》编辑出版委员会，编. 北京：外语教学与研究出版社，2009.

4.吴海潮. 品味义亭［M］. 杭州：浙江人民出版社，2010.

5.义乌丛书编纂委员会. 义乌敲糖帮：口述访谈与历史调查［M］. 上海：上海人民出版社，2012.

6.俞为洁.义乌耕织文化[M].上海：上海人民出版社，2013.

7.吴优赛. 话说义乌红糖［M］. 长春：吉林大学出版社，2014.

8.施章岳，朱庆平.义乌商帮[M].北京：红旗出版社，2016.

# 后记

一根糖蔗，一段历史；一片红糖，一个故事。义乌红糖与火腿、南蜜枣是义乌的传统“三宝”，是义乌人民的宝贵财富，承载着义乌人民的浓浓情怀，丰富了义乌人民的物质生活和精神生活，更重要的是，“鸡毛换糖”成就了今天义乌的繁荣商贸业。

11月中旬，接受编撰本书的任务。虽主编过《话说义乌红糖》一书，但要达到《浙江省文化厅关于做好〈浙江省非物质文化遗产代表作丛书〉第四批国家级非物质文化遗产名录项目编纂出版工作的通知》（浙文非遗〔2016〕2号）的要求，特别是时间上要求12月底交稿，还是很有挑战性的，深感责任重大。为此，先编撰写作提纲，征得认可后，从收集整理资料、采访有关当事人、网络搜索相关素材、采集拍摄有关图片等方面着手。书稿中绝大多数图片从本人十几年来拍摄的图片中精心挑选而来，力求客观全面，图文并茂，科普性强。经过日夜奋战，几易其稿，终于完成了初稿。

在编撰过程中，先后得到义乌市文广新局、义乌市文化馆、义乌市非遗中心、义乌市科协、义乌市农技推广服务中心、义乌市市志办、义亭镇人民政府、浙江商鼓文化传播有限公司和有关红糖企业等单位的大力支持，承蒙刘峻、林彦铨、朱庆平、王卫平、蒋央富、傅健、朱亦秋、陶建明、陈海英、吴德丰、楼其华、冯美姣、吴航、朱玲玲等领导、行家的热情支持，还得到了周绍斌老师的悉心指导，在此一并致谢！

由于编撰时间仓促，加之水平有限，本书定有许多不足，敬请各位专家、读者批评指正！

吴优赛

责任编辑：金慕颜

装帧设计：薛　蔚

责任校对：高余朵

责任印制：朱圣学

装帧顾问：张　望

**图书在版编目（C I P）数据**

义乌红糖制作技艺 / 吴优赛, 朱福田编著. -- 杭州: 浙江摄影出版社, 2019.6（2023.1重印）

（浙江省非物质文化遗产代表作丛书 / 褚子育总主编）

ISBN 978-7-5514-2437-0

Ⅰ. ①义… Ⅱ. ①吴… ②朱… Ⅲ. ①甘蔗糖—甘蔗制糖—义乌 Ⅳ. ①TS245.1

中国版本图书馆CIP数据核字(2019)第095585号

YIWU HONGTANG ZHIZUO JIYI

**义乌红糖制作技艺**

**吴优赛　朱福田　编著**

全国百佳图书出版单位

浙江摄影出版社出版发行

地址：杭州市体育场路347号

邮编：310006

网址：www.photo.zjcb.com

制版：浙江新华图文制作有限公司

印刷：廊坊市印艺阁数字科技有限公司

开本：960mm×1270mm　1/32

印张：6.75

2019年6月第1版　　2023年1月第2次印刷

ISBN 978-7-5514-2437-0

定价：54.00元